Ludwig Koch

Die Myriapodengattung

LITHOBIUS

Ludwig Koch

Die Myriapodengattung
LITHOBIUS

ISBN/EAN: 9783741158841

Hergestellt in Europa, USA, Kanada, Australien, Japan

Cover: Foto ©Klaus-Uwe Gerhardt /pixelio.de

Manufactured and distributed by brebook publishing software
(www.brebook.com)

Ludwig Koch

Die Myriapodengattung

DIE

MYRIAPODENGATTUNG

LITHOBIUS

DARGESTELLT

VON

Dr. LUDWIG KOCH.

MIT ZWEI LITHOGRAPHIRTEN TAFELN DER AUGENSTELLUNGEN.

NÜRNBERG, 1862.

VERLAG VON J. L. LOTZBECK.

VORWORT.

Brandt in Wagner's Reisen in der Regentschaft
Algier, Band III. S. 285, bemerkt: »Die Arten der
Gattung Lithobius bedürfen einer genauen, kritischen
Untersuchung, die kaum auf andere Grundlagen als auf
exakte Beschreibungen und Abbildungen der von Leach
(Zoolog. Miscell.) aufgestellten Formen wird basirt werden können.« Diess gab mir Anlass, dieser Gattung
meine volle Aufmerksamkeit zuzuwenden, um, wenn
auch nicht in dem Sinne, wie Brandt es verlangt, die
Aufgabe von mir gelöst werden konnte, doch durch
sorgfältige Untersuchung einer möglichst grossen Zahl
dieser Thiere einige Beiträge zu ihrer genaueren Kenntniss zu liefern. Nach mehrjährigen Beobachtungen
glaube ich nunmehr das Resultat derselben veröffent-

lichen zu dürfen. Zugleich fühle ich mich verpflichtet, meinen besten Dank für die vielfache freundliche Unterstützung durch Mittheilung von Material und Literatur auszusprechen.

Nürnberg im September 1862.

Koch.

Die Gattung Lithobius.

Die Klasse der Myriapoden zerfällt in zwei Ordnungen, — die der Chilognathen Latr. (6—7gliederige Fühler, die äussern Geschlechtstheile am 4. oder 7. Körpersegment, an den ersten drei Körperringen je 1, an den übrigen 2 Beinpaare) und der Syngnathen (Chilopoda) Latr. (vielgliederige Fühler, nur ein Beinpaar an den Körpersegmenten, die Genitalien am Ende des Körpers). —

Bei den Syngnathen sind zwei Unterordnungen zu unterscheiden, wovon die erste — Schizotarsia Brandt — durch vielgliederige Tarsen, die zweite — Holotarsia Brandt — durch dreigliederige Tarsen charakterisirt erscheint.

Zu den Holotarsien gehört die Familie der Lithobien; der Körper derselben besitzt 9 grössere und 6 kleinere Rückenschilde mit je einem Beinpaare und zwei Endsegmente ohne Beine; die Hüften der letzten vier Beinpaare haben Oeffnungen.

Die Familie der Lithobien besteht nur aus zwei Gattungen: Lithobius Leach und Henicops Newp.; letzteres Genus hat beiderseits nur ein Auge, während bei Lithobius neben einem grössern Auge stets eine grössere oder geringere Anzahl meist kleiner Augen vorhanden ist. —

Die Gattung Lithobius wurde von Leach (Linn. Trans. XI. p. 381) aufgestellt, während sie bis dahin unter den Scolopendern ihren Platz hatte. Es war überhaupt vor Leach nur eine Art (Lithob. forficatus Linn.) bekannt. Unter diesem Einen Namen wurden jedenfalls Lithobien aus den verschiedensten Gegenden begriffen, welche kaum einer einzigen Species angehören konnten; jedoch sind die Beschreibungen des Lithob. forficatus bei den früheren Autoren so unvollständig, dass die

1

dort angegebenen Merkmale allen Arten dieser Gattung gemein-
sam zukommen.

Erst Leach unterschied mehre Arten und nach ihm haben
Say (Journ. of the Acad. of Nat. sciences of Philadelphia) —
Risso (Europ. merid.) — Gervais (Ann. scienc. nat. —
Aptères) — Forstrath Koch (System der Myriapoden) —
Newport (Catol. of the Myriap. in the coll. of the Brit. Mus.)
und Andere die Zahl der Arten bedeutend vermehrt.

Es ist nicht wohl möglich, die Gesammtzahl der bis jetzt
bekannt gemachten Arten genau anzugeben, indem bei den
äusserst variablen Merkmalen der einzelnen Arten die bisherigen
Beschreibungen zum sichern Erkennen der Species ungenügend
sind und einzelne wichtige Chararaktere mit einseitiger
Berücksichtigung minder constanter Merkmale ganz übergangen
wurden; während bei diesen Thieren nur das Gesammtbild,
aus der Uebereinstimmung einer grössern Menge von Exemplaren componirt, die erforderliche Sicherheit zur Bildung einer
neuen Art gewähren kann.

Abgesehen von der Möglichkeit mannigfacher Täuschung
sind mit Einschluss der von mir aufgestellten 27 neuen Species
wahrscheinlich 63 Arten beschrieben, nämlich von Leach,
Gervais und Newport 19, von Forstrath Koch 2 Arten,
sämmtlich nach den gegebenen Beschreibungen zu keiner der
meinen gehörend, und von mir 42 Species (unter welchen 15
bereits bekannte Arten). Ich habe leider nur in einem sehr
engen Gebiete selbst sammeln können und ausserdem noch durch
freundliche Mittheilung einige auswärtige Arten erhalten. Würde
dieser Gattung grössere Aufmerksamkeit zugewendet, so könnte
die Zahl der Arten wohl noch bedeutend vermehrt werden.

Die Ungewissheit über die bisher bekannt gemachten Arten
kann nur dann gehoben werden, wenn die Originalexemplare,
besonders jene des britischen Museums, noch einmal genau
und mit Berücksichtigung aller erforderlichen Merkmale beschrieben werden, — ein Wunsch, den schon Brandt (Wagner's
Reisen in der Regentschaft Algier, Band III. S. 285) aussprach,
welcher aber auch durch die neuern Arbeiten von Newport
nicht in Erfüllung ging.

Körperbedeckung.

Alle Gebilde, welche die innern Organe und deren Mündungen theils als hornige, chitinhaltige, theils als weiche Bedeckung und Verbindungstheile umhüllen, und welche bei dem Häutungsvorgange als leere Hülle zurückbleiben, machen das Integument der Lithobien aus. Ein Theil dieser Gebilde wird bei der Beschreibung der Fresswerkzeuge, der Geschlechts-, Respirations-, Tast- und Bewegungsorgane aufgeführt werden.

Der Kopfschild der Lithobien ist von verschiedener Gestalt (herzförmig, rundlich, quadratisch oder länglich viereckig), — oben meist abgeplattet und in den Seiten hervorgewölbt, bald mehr, bald weniger fein oder grob eingestochen punktirt, glatt oder uneben, mit zerstreuten Borsten besetzt oder kahl. Bei dem Häutungsvorgang zerfällt derselbe in seine drei ursprünglichen Theile, —

1) das Schädelsegment, die grössere hintere Parthie des Kopfschildes bildend, von einem durch eine Furche abgetrennten, aufgeworfenen Rande eingefasst, welcher sich nach unten scharfkantig umschlägt, —

2) das Stirnsegment, durch eine mehr oder weniger feine Furchenlinie in seiner Abtrennung vom Schädelsegment angedeutet. Von Newport wird dieser Theil als subsegmentum antennale betrachtet, — es ist aber ein wirkliches Segment, welches sich bei der Häutung vollständig ablöst und nicht die Fühler an sich trägt, —

3) das Augenfühlersegment von der Mitte des Seitenrandes bis zu den Fühlern reichend, die Augen und die Wurzel der Antennen umfassend. —

Der übrige Rücken der Lithobien ist mit 15 Schilden gedeckt, nämlich 9 grösseren (Haupt-) und 6 kleineren (Zwischen-) Schilden, welche letztere folgendermaassen vertheilt sind: der erste Zwischenschild befindet sich zwischen dem 1. und 2. Hauptschilde, der zweite zwischen dem 2. und 3., der dritte zwischen dem 3. und 4., der vierte zwischen dem 5. und 6., der fünfte zwischen dem 6. und 7., der 6. zwischen dem 7. und 8. —

Der erste Hauptschild hat am Vorderrande einen halbmondförmigen Randumschlag, aufgeworfenen Seiten- und Hinterrand und ist immer nach hinten mehr verschmälert als die übrigen. Die andern Hauptschilde besitzen alle einen deutlichen, mehr oder weniger breit aufgeworfenen Vorderrand und ebenso solche Seitenränder, während der Hinterrand meist nur wenig oder gar nicht aufgeworfen ist. Die Rückenschilde decken sich mit ihren freien Hinterrändern dachförmig.

An einzelnen Haupt- und Zwischenschilden verlängert sich die Hinterrandsecke in einen Zahnfortsatz; jedoch kommen nur am vierten Haupt- und den vier hintern Zwischenschilden solche Zahnfortsätze vor.

Die Rückenschilde sind entweder glatt, runzelig oder granulirt; behaart oder kahl; mehr oder weniger gewölbt.

Ausser diesen hartpanzerigen Rückenschilden sind noch am Ende des Körpers zwei von weicherem Integumente gebildet, vorhanden, wovon der letzte den After überdeckt.

Eigentliche Bauchschilde (den letzten zum Geschlechtsapparat gehörenden Halbring abgerechnet) sind 15 vorhanden; von diesen sind die ersten beiden kürzer als die andern. Die Bauchschilde entsprechen bezüglich ihrer Lage genau den Rückenschilden, sie sind immer flach, meist glatt, gewöhnlich behaart und haben eine mehr oder weniger deutliche Mittelfurche, oft auch ein kleines Grübchen in der Mitte. Sie haben nie aufgeworfene Ränder.

Die Rückenschilde sind unter sich und mit den Bauchschilden durch eine weiche, tiefgefaltete und daher sehr ausdehnbare, die Körperbewegung nach allen Richtungen gestattende Haut verbunden.

Pigmentirung.

Alle chitinhaltigen Gebilde der Lithobien sind braun gefärbt und zwar in den verschiedensten Schattirungen vom lichten Hellbraun bis in's tiefe Schwarzbraun; selbst die innern chitinhaltigen Luftröhren zeigen diese braune Färbung. Die helleren oder dunklern inneren Organe scheinen durch den Chitinpanzer durch, zuweilen sind jedoch auch wirkliche dunkle Schattirungen der Körperschilde (Lithob. festivus mih.) vorhanden.

Die Lithobien enthalten, im ganzen Körper verbreitet, ein

blaues Pigment, welches an allen Stellen, wo die äussern Integumente dünnhäutig sind, durchscheint, besonders schön aber an frischgehäuteten Thieren zu beobachten ist. Im letztern Falle scheint das Chitin der Körperbedeckung durch Einwirkung der Luft einer chemischen Veränderung zu unterliegen, denn sämmtliche Theile des Integuments sind weiss und erhalten erst allmählig ihr braune Färbung. Bei solchen frisch gehäuteten Thieren scheint das blaue Pigment violett durch und tritt erst deutlich hervor, wenn die Thiere in Weingeist gelegt werden; denn erscheinen die Rückenschilde und der Kopf schön hellblau mit dunkelblauer netzaderiger Zeichnung; die Fühler hellblau mit weisser Spitze, die Beine weiss mit durchscheinendem Blau. Dieses Pigment scheint hauptsächlich in der Muskulatur und einem Theil der drüsigen Organe verbreitet zu sein, — Léon Dufour will es am intensivsten in den Speicheldrüsen beobachtet haben.

Fresswerkzeuge.

Die Fresswerkzeuge der Lithobien sind von dem Kopfschilde überdeckt, blos die Lippentaster treten theilweise über den Seitenrand des Kopfes hervor.

Durch ihre Grösse und oberflächliche Lage fallen zuerst die Unterlippe und die beiden Lippentaster in die Augen.

Die Unterlippe hat die Form eines Dreiecks, dessen Spitze mehr oder weniger abgeschnitten ist, — sohin 4 Ränder, — zwei manchmal gerade, oft geschwungene oder ausgeschnittene Seitenränder, — einen Basalrand, dessen beide Hälften in der Mitte unter einem stumpfen Winkel zusammentreffen, und einen Vorderrand, welcher immer aufgeworfen und in der Mitte eingekerbt ist und eine Reihe von scharfen oder stumpfen Zähnchen trägt. Die Zahl dieser Zähnchen wechselt nach den verschiedenen Arten zwischen 4—18. Der Vorderrand ist entweder gerade, gebogen, oder beiderseits schräg gegen seine Mitte abgeschnitten. Indem die Unterlippe aus zwei mit einander verwachsenen Hälften zusammengesetzt ist, hat sie an der Vereinigungslinie beider eine tiefe Mittelfurche. Sie besteht aus zwei paarigen Blättern, einem obern und untern, letzteres ist convex, das obere Blatt concav, am Vorderrande in der scharfen, zahntragenden Kante mit dem untern zusammenstossend; es hat ebenfalls eine Mittelfurche, ist aber an der Basis spitzwinklig tief ausgeschnitten. Dieser Ausschnitt dient zur Aufnahme eines aus derben Bündeln zusammengesetzten, keilförmigen Muskels, welcher mit breiter Basis unterhalb der Wurzelglieder beider Kinnladentaster entspringt und in der Spitze des Ausschnittes sich inserirt. Dieser Muskel dient zur Auf- und Abwärtsbewegung der Lippen. Der Raum zwischen dem oberen und unteren Blatt der Unterlippe schliesst jene Muskeln ein, welche die Bewegung derselben vor- und rückwärts vermitteln.

An jedem Winkel des Hinterrands der Unterlippe befindet sich ein kleiner Fortsatz, in welchem der Lippentaster eingelenkt ist. Die Lippentaster bestehen aus vier Gliedern, — das erste ist gerade nach vorn gerichtet, so lang als die drei andern miteinander, oben und unten plattgedrückt und aussen gerundet; — das zweite und dritte Glied sind sehr kurz, dicker als lang, ringförmig, sie vermitteln die knieartige Stellung des letzten Gliedes nach innen; dieses bildet eine aus breiter Basis in eine feine Spitze endende mehr oder weniger gebogene Kralle; an der Innenseite etwas oberhalb der Einlenkung ist dieses letzte Glied stark eingeschnürt.

Forstrath Koch (System der Myriapoden S. 66) nimmt sechs Glieder der Lippentaster an und bildet solche auch ab, der von ihm als erstes Glied betrachtete Theil ist aber der Fortsatz des äussern Winkels der Unterlippe, sein 5. Glied die oben erwähnte Einschnürung des Krallengliedes.

Degeer hat auf jeder Seite des letzten Gliedes der Lippentaster eine deutliche von der Spitze bis zum beweglichen Gelenk ziehende Rinne bemerkt, die an der einen Seite tiefer und bemerkbarer als an der andern ist, — Treviranus sah diese Furche nur auf der concaven Seite und zwar an allen vier Gliedern, — Forstrath Koch spricht von einer auf der Mundseite des Endgliedes befindlichen sehr feinen, kaum zu sehenden, nur in gewisser Richtung doch sich deutlich zeigende Giftritze. Bei der sorgfältigsten oft deshalb wiederholten Untersuchung konnte ich jedoch diese Beobachtungen nicht bestätigt finden.

Nach Wegnahme der Unterlippe und der Lippentaster zeigen sich die Kinnladentaster, ebenfalls paarig, aber an ihren

Wurzelgliedern fest mit einander verwachsen. Das erste Glied derselben ist flach, aus zwei durch eine feine Bogenfurche angedeuteten Theilen bestehend, beide Theile fast halbmondförmig, d. h. mit bogig ausgeschnittnem Vorderrande und halbkreisförmigem Hinterrande; der innere Theil ist mit dem der andern Seite fest verwachsen; der äussere fast noch einmal so gross als der innere. Wo beide aneinander gränzen ist aussen das zweite Glied eingelenkt, dieses ist sichelförmig gebogen, platt zusammengedrückt, hat in der Mitte des Innenrandes eine schwache Protuberanz, am Aussenrande eine Reihe langer gerader Borsten; — dieses Glied ist das längste und an seinem Ende etwas breiter als an der Basis. Das 3. Glied ist nur halb so lang als das vorhergehende, nicht so stark zusammengedrückt, an der Aussenseite ebenfalls borstig.

Das Endglied ist fast kegelförmig, so lang als das dritte, an der Aussenseite mit längern und kürzern Borsten; innen muschelartig ausgehöhlt. Der Rand dieser Aushöhlung ist mit anliegenden steifen Borsten, — diese selbst aber mit an ihrer obern · Hälfte gefiederten Wimpern dicht besetzt. Am Ende dieses Glieds ist eine gekrümmte, tiefgespaltene Kralle, deren einer Theil kürzer als der andere ist.

Die ebenfalls paarige Kinnlade besteht aus drei Gliedern. Das Grundstück des ersten Gliedes, mit jenem der andern Seite verwachsen, verlängert sich in zwei Fortsätze, einen äussern flügelartigen, am Ende abgerundeten, welcher den Aussenrand des Kopfschildes beinahe erreicht, und einen innern nach vorn gerichteten, dessen Innenrand gerade und dessen Aussenrand gebogen ist; dieser Theil ist an seiner Spitze gewimpert; für sich selbst ist er nicht beweglich, sondern bewegt sich mit dem ganzen Wurzelglied der Kinnlade. Forstrath Koch hat ihn mit Recht als Zunge betrachtet. In dem Winkel, welchen die beiden Fortsätze des Wurzelgliedes bilden, ist das zweite kurze Glied eingelenkt; ihm folgt das dritte helmförmige, dessen freier Rand mit einer Reihe von Wimpern besetzt ist, welche in ihrer obern Hälfte gefiedert sind.

Die Oberlippe, unmittelbar unter der Kopfspitze liegend und mit ihr verwachsen, hat die Form eines gleichschenkligen Dreiecks, dessen freie, unter dem Kopfende vorstehende mit

5—6 starken Borsten besetzte Spitze einen kurzen Kegel vor-
stellt. Diese Spitze ist unten ausgehöhlt und von den dahinter
liegenden Theilen durch eine vorspringende Bogenleiste abge-
gränzt. Die Grundlinie des Dreiecks, länger als dessen Schenkel, ist in der Mitte tief kreisförmig ausgeschnitten, der freie
Rand dieses Ausschnittes mit Wimpern besetzt. In der Mitte
desselben ist ein zweiter etwas stumpfwinkliger Ausschnitt,
hinter welchem verborgen sich die beiden, mit kräftigen Zähnen
bewehrten, beweglichen Kinnbacken befinden; diese sind durch
zwei gebogene Hornplättchen gebildet, die an ihrem freien Ende
flächerartig erweitert sind.

Innere Dauungsorgane.

Bei den Lithobien, als von animalischer Nahrung lebenden
Thieren, verläuft der Dauungscanal auf kürzestem, d. h. geradem
Wege vom Munde zum After und ist sonach etwas kürzer als
der Körper. Zwischen dem Hinterrande des Oberkiefers, den
Kinnladen und der Zunge befindet sich die Mundöffnung,
welche in den dünnen und kurzen Oesophagus führt. Zu beiden Seiten der Speiseröhre, bis 'wo sie sich in den Magenschlauch erweitert, liegen die Speicheldrüsen in Form länglicher,
aus kleineren Acinis zusammengesetzter Trauben. Treviranus
sah dieselben als Fettkörper an, wahrscheinlich weil er keinen
Ausführungsgang entdecken konnte; Léon Dufour hat sie als
Speicheldrüsen erkannt, erwähnt aber ebenfalls ihre Ausführungsgänge nicht. Auch mir war es unmöglich, dieselben aufzu-
finden; wahrscheinlich werden sie immer bei der weichen Be-
schaffenheit des ganzen Organes während des Präparirens
zerrissen und ziehen sich in die Drüsensubstanz zurück. Unge-
achtet sie noch nicht gefunden worden, dürfte doch ihr Vorhandensein nicht geläugnet werden können, indem sie bei anderen Myriapoden nachgewiesen sind.

Der Magenschlauch ist an seinem hintern Ende eingeschnürt, worauf das Darmrohr bis zur Einmündung der Malpigh'schen Gefässe sich wieder erweitert. Letztere stellen zwei
einfache, sehr feine Röhrchen vor, welche über den Speicheldrüsen verschlossen beginnend, in geschlängeltem Verlaufe zu
beiden Seiten des Darmrohrs sich nach hinten ziehen und etwas

vor dem Rectum in den Darm einmünden. Léon Dufour sowie Treviranus hielten sie für Gallengefässe, — nunmehr werden sie mit ziemlicher Bestimmtheit für harnabsondernde Organe gehalten.

Hinter der Einmündung der Malpigh'schen Gefässe erweitert sich das Darmrohr, in das Rectum übergehend, wieder und endet als After ein ein breite gebogene Querspalte über den äussern Geschlechtstheilen.

Die Structur der Wandung des Dauungsweges ist eine gleichmässige. Die Muskulatur ist sehr entwickelt und aus longitudinalen in regelmässigen Intervallen sich folgenden Längsfasern und einer dichten Kreisfaserschichte bestehend.

Athmungsorgane.

Die Lithobien athmen durch Tracheen; die Stigmen derselben befinden sich in den weichen Seiten zwischen den Bauch- und Rückenschilden, ziemlich nahe den Hinterecken der letzteren; sie sitzen auf länglichen Wulsten in Form langer, enger, gebogener, mit aufgeworfenem Rande umgebener, schräggestellter Spalte; hinter den ersten beiden Stigmen ist noch ein ähnlicher Wulst vorhanden.

Auf jeder Seite befinden sich sechs solcher Stigmen, nämlich je eines unter dem 3., 5., 8., 10., 12. und 14. Rückenschilde.

Treviranus gibt 7 Stigmen an, das erste derselben unter dem ersten Rückenschilde, — hier ist aber kein eigentliches Stigma vorhanden, sondern nur der Wulst, welcher auch hinter dem Stigma am 3. und 5. Rückenschilde zu bemerken ist; sonach ist auch die Abbildung bei Treviranus unrichtig. Die in Tab. VI. Fig. 8. Nr. 1. abgebildete Trachee ist nur ein Zweig des von dem 1. Stigma unter dem 3. Rückenschilde ausgehenden, nach dem Kopfe verlaufenden grössern Tracheenstammes.

Von den Stigmen aus vertheilen sich die Tracheen büschelförmig und verlaufen sich vielfach verästelnd, in immer feineren Röhren zu allen innern Organen des Körpers. — Die grössern Stämme sind durch ihre, wie bronzirte, glänzend hellbraune Färbung schon mit freiem Auge leicht zu erkennen.

Diese Färbung rührt von der Chitinschichte her, welche einen
Theil des Tracheengewebes bildet und in spiraligen Windungen
das Innere der Röhren auskleidet. Die vordersten Tracheen-
büschel haben die längsten und stärksten Stämme, nach hinten
zu nehmen sie Immer mehr an Länge und Ausdehnung ab.

Kreislaufsorgane.

Das Gefässystem der Lithobien ist wahrscheinlich analog
dem der Scolopendriden gebildet. Bei der Kleinheit dieser
Thiere und Weichheit des Gefässstammes, welcher an frischen
Thieren alsbald von den sich zusammenrollenden Rückenschilden in die Muskulatur eingehüllt wird und an Weingeistexem-
plaren überhaupt nicht mehr zu erkennen ist, gelang es mir
nie ein genügendes Präparat herzustellen und die Verzweigung
des Gefässstammes zu verfolgen.

Wie Treviranus sah auch ich nur das einfache soge-
nannte vas dorsale. Diesen Rückengefäss ist viel dünner als
die Malpigh'schen Gefässe und bei solcher Feinheit in seinen
Verzweigungen nicht weiter zu verfolgen. Es ist jedoch sehr
wahrscheinlich, dass das Gefässystem der Lithobien mit jenem
der Scolopender übereinstimmt, dass nämlich von der Herz-
kammer aus paarige Zweige nach den Körpersegmenten abgehen und auch der Kopf mit Gefässen versehen wird.

Organe der Fortpflanzung.

Die Genitalien befinden sich, wie bei der Ordnung der
Chilopoden überhaupt, bei den Lithobien in der hintern Körperhälfte und münden am Ende des Körpers aus.

I. Männliche Geschlechtsorgane.

Die männlichen Geschlechtsorgane der Lithobien bestehen
aus einem mittleren Schlauche, aus zwei seitlichen Gefässen,
zwei seitlichen accessorischen Drüsen, einem Samenbläschen
und der Ruthe.

Der mittlere unpaare Schlauch ist der längste Theil des
Geschlechtsapparates; er übertrifft, von Samen strotzend, die
beiden seitlichen Schläuche bedeutend an Dicke. Er steigt bis
über die Mitte der Körperlänge hinauf, schlingt sich dann wie-

der bis zur Hälfte seiner Länge herab und steigt dann wieder über die Höhe seiner ersten Umbiegung hinauf, wo er noch einmal sich hackenförmig umbiegt und in eine feine Spitze blind endet. Seine Wandung ist dick und es lassen sich deutlich dichte Ringfasern an ihr erkennen. In der Abbildung von Treviranus (Tab. V. Fig. 7. a.) ist er im Verhältniss zu den seitlichen zu dünn und letztere zu dick dargestellt. Er allein enthält nach meinen Untersuchungen wirkliches Sperma. Dieses besteht in einem dicken zähen Fluidum mit zahlreichen unbeweglichen, verschieden geformten Zellen; ausserdem sind noch zahlreiche Fetttröpfchen in der Samenflüssigkeit enthalten.

Zu heiden Seiten des mittleren Schlauches laufen in unregelmässigen Windungen die seitlichen Gefässe nach vorn, sie sind kürzer und dünner als das mittlere; ihre Wandung lässt keine Ringfasern erkennen. Sie sind durchscheinend und theilweise undurchsichtig milchweiss. Die von Treviranus in diesen Gefässen bemerkte Filaria ist mir nicht vorgekommen, wohl aber häufig ein anderes Eingeweidethierchen.

Die drei Schläuche münden wahrscheinlich in das Samenbläschen, welches unmittelbar vor der äussern Mündung des Geschlechtsapparates liegt.

Seitwärts von den oben beschriebenen Theilen und diese noch etwas überlagernd, befinden sich zwei Drüsen, über deren Bedeutung noch völliges Dunkel herrscht. Diese drüsigen Organe, von Treviranus für Fettmassen, von Léon Dufour als Testikeln erklärt, sind von einer sehr feinen Membran umhüllt und enthalten Bläschen mit feinkörnigem Inhalte. Diese Bläschen sind perlschnurförmig aneinandergereiht und liegen in 2—3 kurzen und zwei langen Reihen, welch' letztere die stumpfe Spitze des Organes bilden. Die Ausführungsgänge dieser Drüsen münden wahrscheinlich ebenfalls in die Samenbläschen.

Den Penis bildet ein kurzer, aus weicher, weisslicher Masse bestehender Kegel, welcher rings mit Wimpern besetzt ist und oben eine runde Oeffnung besitzt, die ebenfalls von einem Wimpernkranze umgeben ist. Die Ruthe liegt hinter einem horaigen, in der Mitte gefurchten, an seinem Hinterrande in der Mitte eingekerbten Halbringe. Hinter dieser Einkerbung

tritt bei einem massigen Druck am lebenden Thiere der Penis
hervor.

II. Weibliche Genitalien.

Nach Wegnahme der Ganglienkette und des Darmkanals
kommen die weiblichen Sexualorgane zum Vorschein. Der
Eierstock, in der Mittellinie des Körpers liegend und die Hälfte
der Körperlänge überragend, ist ein von einer zarten Membran
gebildeter Sack, in welchem meist Eier in allen Entwicklungs-
stadien enthalten sind.

Das entwickelte Ei ist milchweiss mit durchschelnendem
Zellenkern. Ein einfaches Ovidukt führt vom Ovarium herab
und endet in eine erweiterte Blase, welche Treviranus als
uterus (?) bezeichnet.

Auf jeder Seite des Ovarium befinden sich zwei accesso-
rische, drüsige Organe, von Treviranus für Fettmassen, von
Léon Dufour für schmeerabsondernde Drüsen erklärt. Sie
sind länglich, spitz und an den Seiten zellig ausgebuchtet.
Die beiden innern Drüsen sind breiter als die äussern und
durchscheinend, während letztere schmaler sind und einen von
rundlichen Bläschen eingeschlossenen, milchweissen, feinkörnigen
Inhalt haben. Jede dieser Drüsen hat ihren besondern Ausführungsgang, welcher in die Erweiterung des Ovidukts mündet.
Die physiologische Bedeutung dieser Drüsen hat noch keine
sichere Erklärung gefunden.

Nach Treviranus liegen zu beiden Seiten des Ovidukt
noch zwei längliche Blasen, die aus einer doppelten Haut bestehen, einer äussern, die muskulös zu sein scheint und einer
innern, die enger als jene und mit einer zähen, weissen Materie
angefüllt ist.

Die äussern weiblichen Geschlechtstheile reihen sich unmittelbar dem letzten Bauchschilde an. Ihr Basalglied bildet,
wie beim Männchen, ein horniger, in der Mittellinie gefurchter,
in der Mitte seines Hinterrandes tief eingekerbter Halbring.
Ihm folgen zwei dreieckige, bewegliche Blättchen von denen
jedes an seiner freien Spitze ein, zwei oder drei, bei den verschiedenen Arten mannichfach gestaltete Zäpfchen trägt. Diese
Zäpfchen sind an ihrer obern Seite rinnig ausgehöhlt und frei

beweglich eingelenkt. Das dritte Glied ist breit, das vierte endet in eine mehr oder weniger gekrümmte, unten rinnig ausgehöhlte Kralle. Diese Endkralle ist bald fein spitzig bald stumpf, entweder ungetheilt oder einfach gespalten. Bei den meisten Arten sind unterhalb der Spitze dieser Kralle zwei kleine Seitenzähnchen. Sämmtliche Theile der äussern Geschlechtstheile sind mehr oder minder mit starken Borsten besetzt.

Nervensystem.

Die Ganglienkette liegt bei den Lithobien unmittelbar über der Muskulatur der Bauchschilde, der Kopftheil derselben über den Fresswerkzeugen, unter dem Oesophagus und in der Kopfspitze.

Der als Gehirn bezeichnete Theil, in seiner Mitte von der Oeffnung für den Durchgang der Speiseröhre durchbohrt, setzt sich nach vorn in zwei rundliche Anschwellungen fort, von welcher zwei breite, kräftige Nervenstränge nach den Fühlern verlaufen, hinter diesen gehen die beiden, die Augen versorgenden Nerven seitlich ab.

Hinter dem Gehirn beginnt die eigentliche Ganglienkette, mit drei Nervenanschwellungen, welche sich unmittelbar aneinander reihen; die erste derselben ist länglich, so lang als die beiden folgenden zusammen, sie liegt noch vollständig unter dem Kopfschilde. Die beiden folgenden sind mehr rundlich; die erste von ihnen liegt zwischen dem hinteren Rande des Kopfes und dem vorderen des ersten Rückenschildes, während die andere in der Mitte des letztern sich befindet.

Die nun folgenden übrigen 13 Ganglien sind durch je zwei Verbindungsstränge (Treviranus gibt deren drei an) vereinigt. Das letzte (18.) Ganglion ist etwas breiter als die übrigen. Die Commissurstränge nehmen an den hinteren Ganglien allmählig an Länge ab; doch ist auch noch das letzte Ganglion mit dem vorhergehenden durch zwei Stränge verbunden. (Treviranus gibt an, dass die beiden letzten Ganglien unmittelbar zusammenhängen.)

Die Ganglien haben eine Mittellängsfurche und liegen in der Querlinie zwischen den Wurzeln der Beinpaare; sie nehmen nach hinten zu an Länge ab und werden mehr rundlich.

Von den Ganglien gehen nach beiden Seiten Nervenstränge in verschiedener Zahl und Stärke ab. Der zu den
Beinen gehende Nervenstrang ist immer viel dicker als die andern. Die Verbindungsstränge liegen auf Muskelbündeln, welche
bandförmig hinter jedem Ganglion von einer Seite zur andern
gehen.·

Sinnesorgane.

Sehorgane.

Die Augen der Lithobien sitzen über und an dem Seiten-
rande des Kopfes an einem ihnen und den Fühlern gemein-
schaftlichen Segmente desselben. Es sind zusammengehäufte
einfache Augen, an Grösse, Zahl und Stellung bei den einzelnen
Arten sehr verschieden. Diese Verschiedenheit bezüglich der
Zahl der Augen und der durch Fehlen oder Ueberfluss verän-
derten Form der Gruppirung erstreckt sich auch auf die Individuen; so wechselt z. B. die Zahl bei Lith. forficatus zwischen
36 und 67. Gewöhnlich findet man auf der einen Seite mehr
Augen als auf der andern.

Ein grosses Seitenauge, meist grösser als die übrigen,
mit einigen derselben manchmal gleichgross, findet sich bei allen
Arten. Nur bei Lithobius aeruginosus ist das Seitenauge kleiner als die übrigen. Dieses Seitenauge, meist etwas entfernt
von den übrigen, steht am weitesten nach hinten und ist gewöhnlich auch von anderer Form.

Die übrigen Augen sind bei den meisten Arten rund, —
nur bei einigen Species sind jene der obersten Reihe queroval.

Die Augen sind gewöhnlich in mehr oder minder regel-
mässige Querreihen gestellt und dann ist die häufigste Form
der Gruppirung die eines gleichseitigen Dreiecks, dessen Basis
oben, dessen Spitze unten am Kopfrande ist; — die oberste
Reihe ist dann die längste, und besitzt die meisten Augen, die
übrigen nehmen nach unten an Länge und Zahl ab, z. B. 5, 4, 3, 2.

Bei anderen Arten bilden die Augen ein ungleichseitiges
rechtwinkliches Dreieck, von welchem die kurze Kathete dem
grossen Seitenauge gegenüber liegt, die längere oben, die Hy-
pothenuse dem Kopfrande entlang läuft; oder sie stellen ein

gleichseitiges Dreieck vor, dessen Spitze oben, dessen Basis am Kopfrande sich befindet.

Ausser diesen Gruppirungen kommt noch vor:

1) Die Traubenform,
2) neben dem grössern Seitenauge sind 5 oder 6 in einen Kreis gestellt, in dessen Centrum ebenfalls ein Auge sich befindet,
3) neben dem grossen Seitenauge stehen 4 in den Ecken eines Vierecks und eines in der Mitte (Quincunx) oder
4) alle Augen stehen in einer einfachen Reihe.

Antennen.

Die Fühler der Lithobien, zu beiden Seiten der Kopfspitze dem vordern Ende des Augen-Fühlersegmentes eingefügt, aus dicker Wurzel allmählig gegen die Spitze zu verdünnt, bestehen aus einer Reihe von Gliedern, deren Zahl nach meinen Beobachtungen nie unter 20 herabgeht. Verkümmerungsbildungen allein machen eine Ausnahme, in diesen Fällen aber zeigt meist der andere Fühler die normale Zahl. Die grösste Fühlergliederzahl hat nach Newport Lith. longicornis, nämlich 56—60. Die Fühler sind nach allen Richtungen hin frei beweglich und können beliebig verlängert und verkürzt werden, indem der dünnere Anfang jedes Gliedes in das weitere Ende des vorhergehenden zurückgezogen werden kann. Jedes Glied endet nämlich in eine feingefaltete, weiche Haut, welche sich bei der Verlängerung hervorstülpt und bei der Verkürzung den Anfang des folgenden Gliedes hineinzieht.

Mit Ausnahme Einer Art, (Lithobius nudicornis) findet man die Fühler aller bis jetzt bekannter Lithobien mehr oder weniger behaart. Bei dem erwähnten Lith. nudicornis steht aber noch in Frage, ob die Behaarung der Fühler nicht, sei es durch den Transport oder auf andere Weise abgerieben wurde. Bei vielen ausländischen Arten meiner Sammlung finde ich dasselbe; — jedoch lassen sich bei genauer Untersuchung immer einzelne Härchen entdecken.

Das Endglied der Fühler ist meist konisch und gewöhnlich das längste.

Bewegungsorgane.

Zur Bewegung des Chitinskelets, d. h. zur gegenseitigen Annäherung und Entfernung seiner einzelnen Theile ist eine kräftige Muskulatur vorhanden, welche besonders in den Fresswerkzeugen, den Bauch- und Rückenschilden stark entwickelt ist.

Zur Fortbewegung des ganzen Körpers dienen 15 Beinpaare, welche den 15 Haupt- und Zwischenschilden entsprechen und in der weichen Seitenhaut zwischen Rücken- und Bauchschilden, unmittelbar aber den letztern eingefügt sind. Rings um die Einfügung bildet die weiche Seitenhaut einen wulstigen ovalen Ring, an dessen oberem Ende ein halbmondförmiger horniger Fortsatz als Bewegungsfläche und Stütze für einen entsprechenden kugeligen Fortsatz an der Basis der Hüfte.

Die Beine, seitlich mehr oder weniger zusammengedrückt, nehmen nach hinten an Länge zu; sie bestehen sämmtlich aus 7 Gliedern.

Die beiden ersten Glieder bilden die Hüfte. Das Wurzelglied ist kurz, kaum länger als dick, es stellt auf dem Quer-Durchschuitt ein Oval vor, und hat in der Mittellinie der Vorderseite eine Längsfurche. Seine untere Hälfte ist länger als die obere, indem letztere die Bewegung des Beines nach oben frei lässt.

Die obere Peripherie der Basis des ersten Hüftengliedes umfassen die beiden Schenkel des oben erwähnten kugeligen Fortsatzes. Das zweite Hüftenglied bildet ein einfacher ovaler Ring, welcher an den hinteren Beinen schräg abgeschnitten ist, so dass er nach unten einen Fortsatz bildet; auf diesem befindet sich an den drei letzten Beinpaaren ein starker Stachel.

Der Oberschenkel ist so lang als die beiden Hüftenglieder zusammen und an seinem Ende oben und unten mit Stacheln besetzt.

Der Unterschenkel, so lang oder etwas länger als der Oberschenkel, nur am ersten Beinpaar kürzer als dieser, ist ebenfalls an seinem obern Ende mit Stacheln besetzt.

Ihm folgen die drei Tarsalglieder, von welchen die beiden ersten viel länger als das dritte sind; letzteres ist kegelförmig und trägt an seiner Spitze die scharfe Endkralle eingelenkt.

Die beiden letzten Tarsalglieder sind ohne Stacheln, während das erste bei den meisten Arten noch solche hat.

Die vier letzten Beinpaare unterscheiden sich von den übrigen noch besonders dadurch, dass das erste Hüftenglied unten muldenförmig ausgehöhlt ist und Oeffnungen von verschiedener Gestalt und Anzahl besitzt. Welche Bedeutung denselben beizulegen ist, muss vorläufig noch unentschieden bleiben.

Lebensweise.

Der Begattungsakt der Lithobien ist noch nicht beobachtet worden; — dagegen habe ich das Eierlegen der Weibchen schon häufig gesehen; sie lassen dieselben einzeln fallen, ohne für ihren Schutz und ihre weitere Entwicklung Vorsorge getroffen zu haben.

Von der Entwicklungsgeschichte der jungen Thiere ist ebenfalls sehr wenig bekannt. Bei noch nicht vollständig entwickelten Thieren sind je nach dem Fortschritte der Entwicklung die letzten zwei, drei oder vier Beinpaare nur als einfache, ungegliederte, der Körperseite eng anliegende kurze Zäpfchen vorhanden; die zu denselben gehörenden Körperschilde sind ebenfalls nur angedeutet und von den äussern Geschlechtstheilen ist noch keine Spur zu bemerken. Erst wenn die Beine vollständig entwickelt sind, kommen die ersten Andeutungen der Sexualorgane zum Vorscheine. Anfänglich ist der Basaltheil derselben nur ein einfacher schmaler Halbring ohne Furchung und Einkerbung, die übrigen Glieder bilden einen einfachen Kegel ohne bemerkbare Gliederung. Bei späteren Umbildungen ist der Basaltheil zwar vollständig entwickelt, jedoch weich und kahl, die übrigen Glieder sind in Form eines bereits mit Andeutung der Gliederung versehenen Kegels vorhanden, von den Zäpfchen am 2. Gliede oder einer Endkralle nichts zu bemerken. Erst das Vorhandensein der Zäpfchen und der Endkralle, welche gleichzeitig in der letzten Entwicklungsperiode erscheinen, zeigt die Geschlechtsreife des Thieres an.

Erst jene Thiere können als vollständig entwickelte gelten, bei welchen sowohl der äussere Geschlechtsapparat als die letzten vier Beinpaare vollständig gebildet erscheinen. Es ist für die Entscheidung der Feststellung neuer Arten nothwendig

hierauf ganz besondern zu merken, wenigstens bei den Weibchen, — leider kennt man bei den Männchen kein Zeichen
ihrer Geschlechtsreife.

Die Lithobien häuten sich und nach jeder Häutung gewinnt
der Körper an Grösse. Die Häutung geht noch über das Sta-
dium der vollständigen Entwicklung des Thieres hinaus, so dass
auch diese noch wachsen, — daher die Verschiedenheit der
Grösse bei entwickelten Thieren, so z. B. bei L. forficatus,
welcher in einer Grösse von 9 — 11‴ gefunden wird. — Der
Häutungsvorgang selbst ist folgender: Das Thier krallt sich mit
dem letzten Beinpaare in einen festen Gegenstand ein, — das
Segment der Kopfspitze öffnet sich, ebenso trennt sich das
Augen-Fühlersegment ab. Während der Kopf vorrückt, zieht
das Thier die Fühler aus ihrer alten Hülle heraus, diese legen
sich seitlich an den Körper an. Bei dem Durchtritt des Kopfes
durch die entstandene Oeffnung, bleibt das Segment der Kopfspitze, das Augen-Fühlersegment sowie die ganze untere Parthie des Kopfes unten. Die Beine sind beim Durchtritt durch
die Kopföffnung nach hinten an die Körperseiten angedrückt
und gewinnen erst nach und nach ihre Beweglichkeit wieder.
Unter wurmförmigen Bewegungen schlüpft das Thier aus seiner
alten Hülle hervor; das Geschäft scheint die mithelfenden Kräfte
der noch weichen neuen Theile in hohem Grade anzustrengen,
denn das Thier lässt jedesmal, nachdem eine kleine Parthie
sich herausentwickelt hat, eine längere Pause zum Ausruhen
eintreten. Der ganze Akt währt immer länger als eine Stunde.
Das neugehäutete Thier ist in allen seinen Theilen weich, von
weisser Farbe, durch welche die violette Färbung der innern
Theile durchscheint; nur die krallenartigen Endtheile der Beine,
Kinnladen und Lippentaster, sowie die Zähne der Unterlippe
zeigen bereits die braune Farbe des Chitins; erst nach einigen
Tagen hat das Thier vollständig seine ursprüngliche Färbung
wieder. Das zurückbleibende Chitinskelet ist enge zusammen-
geschoben; bei einem Lith. forficatus, der eine Länge von 11‴
besass, war es auf 4‴ zusammengedrängt. Während der
Häutung schwitzt das Thier eine schmierige Flüssigkeit aus,
welche wahrscheinlich das Herausschlüpfen befördern soll; sie
ist ziemlich reichlich vorhanden und es bleibt immer ein Theil

in der abgestreiften Hülle zurück. Bei einem der Thiere, an
welchen ich den Häutungsvorgang beobachtete, waren die
beiden letzten Glieder der einen Schleppbeines abgebrochen, —
nach der Häutung waren dieselben, jedoch etwas verkürzt, vollständig, auch mit der Endkralle, regenerirt.

Die Lithobien leben von animalischer Nahrung, nämlich,
so weit ich sie beobachtete, von Insekten. Die Gärtner in dem
Wahne, dass diese Thiere die feinen Pflänzchen und Würzelchen
fressen, verfolgen und tödten die nützlichsten Bewohner ihrer
Tröge. Ich habe sie in der Gefangenschaft mit Mücken ge-
füttert, jedoch auch oft gesehen, dass die grössern Arten die
kleinern ihres eigenen Genus verzehren.

Im Fangen der Mücken sind sie sehr behende, sie packen
dieselben mit den Vorderbeinen und beissen ihre Beute mit
den Zangen des Lippentaster. Ihr Biss tödtet bei weitem nicht
so schnell wie jener der Spinnen, wahrscheinlich tödtet der
Biss nur als solcher in Verbindung mit starkem Zusammen-
pressen der Beute durch die Lippentaster. Die Fresszangen
besitzen keine Giftritze; möglich wäre, dass das Eindringen
von giftigem Speichel aus der Mundhöhle in die durch den
Biss verursachte Wunde die Beute tödtet.

Die Lithobien verzehren ihre Beute, sie saugen sie nicht
blos aus; die Unterlippe macht dabei nagende Bewegungen ab
und auf, vor- und rückwärts, während die Beute mit den
Lippentastern festgehalten wird. Die abgebissenen Theile werden von den Krallen der Kinnladentaster ergriffen und in die
Mundöffnung geführt. Sind mehrere Lithobien in einem Glase
beisammen, so suchen sie sich einander die Beute abzujagen.
Während das Thier noch an der ersten Mücke zu zehren hat,
sucht es bereits eine andere zu erhaschen und hält sie dann
mit den Beinen fest, bis es die erste verzehrt hat. Sie lassen
gewöhnlich nur die Flügel und Beine der Mücken übrig.
Binnen einer Stunde verzehrte ein Lithobius forficatus drei gewöhnliche Stubenfliegen; besonders wohl zu schmecken scheinen
ihnen die Eier der Mücken, welche sie nach geöffnetem Hinter-
leib eines nach dem andern mit den Kinnladentastern hervor-
ziehen und verschlingen.

Die Lithobien bewegen sich ausserordentlich rasch, scheinen

2 *

aber nur bei Nacht ihre Ruheplätze zu verlassen und ihrer
Beute nachzugehen. In der Ruhe strecken sie die Beine aus
und legen die Fühler gerade vor. Wenn beim Graben ihrer
Gänge Sand oder Erde an den Fühlern oder Beinen hängen
bleibt, reinigen sie dieselben sehr sorgfältig, sie fangen dabei
mit den Fühlern an, welche sie von der Wurzel bis zur Spitze
durch die Lippentaster ziehen, dann nehmen sie Bein für Bein
in gleicher Weise vor, bis sie vollständig gereinigt sind. Wenn
sie sich in die Erde wühlen, legen sie die Fühler rückwärts
und bohren mit dem Kopfe voran, während sie die aufgewühlte
Erde mit den Beinen zurückwerfen. Wenn eines das andere
im Fressen in der Ruhe oder sonst stört, raufen sie förmlich
mit einander.

Am besten lässt sich ihre Lebensweise in einem mit fein-
gesiebter feuchter Gartenerde gefülltem Glase beobachten.

Die Lithobien leben in Wäldern, im Moose und unter
Steinen, in Gärten am liebsten in Trögen und Dungstätten, selten
unter Brettern und Steinen. Sie ziehen feuchte Stellen vor,
doch fand ich sie auch an ganz trocknen südlichen Abhängen;
in der Gefangenschaft wollen sie aber immer feucht gehalten
sein und sterben im Trocknen sehr bald. Gewisse Arten
scheinen ausschliesslich nur bestimmten geologischen Gebieten
anzugehören, — doch kann ich mich hierüber nicht mit Gewiss-
heit aussprechen, weil meine eignen Beobachtungen auf den
kleinen Umkreis der nähern Umgebung meines Wohnorts be-
schränkt blieben.

Ihre geographische Verbreitung betreffend, sind Arten aus
Europa, Nordafrika, Amerika, Ostindien und Australien bekannt.

Es erscheint nothwendig, zur Würdigung des Werthes der
als Merkmale bei Aufstellung der Arten in Betracht genommenen
Körpertheile einige Bemerkungen vorauszuschicken:

1) Die Kopfform ist immer ein constantes Merkmal, doch
ist sie für keine Art ein ausschliessliches Kennzeichen, ebensowenig die Furchenlinie der Kopfspitze, resp. das Eingedrückt-
sein derselben in ihrer Mitte und die Punktirung des Kopfschildes.

2) Die Fühler. Die Zahl der Glieder, obwohl bei vielen
Arten sehr wechselnd, gibt, wenn sie bei einer grössern Zahl

von Individuen ständig ist, immerhin einen Anhaltspunkt;
bei einigen Arten ist jedoch die Zahl der Fühlerglieder sehr
constant. Die Behaarung der Fühler ist von geringer Bedeutung und kann, namentlich bei weit her transportirten Exemplaren ganz abgerieben sein. Die Länge der Fühler kann nie
bestimmt angegeben werden, weil das Thier sie willkürlich ver-
kürzen und verlängern kann.

3) Die Zahl der Augen und ihre Gruppirung ist, wenn
auch oft variabel, doch eines der wichtigsten Merkmale.

4) Von den Fresswerkzeugen ist hauptsächlich die Unterlippe von grossem Werthe für die Artenbestimmung. Ihre Wölbung, Punktirung, Bildung des Zahnrandes, endlich und hauptsächlich die Zahl, Stellung und Form der Zähne selbst müssen
immer in Betracht gezogen werden. Die Zahl der Zähne ist
nur bei wenigen Arten unbeständig.

5) Die Rückenschilde selbst können Merkmale des Arten-
unterschiedes bieten:

a) durch das Vorhandensein oder Fehlen der Zahnfortsätze an den Haupt- und Zwischenschilden;

b) durch die Punktirung, Runzelung, Glätte oder Gra-
nulation;

c) durch ihre mehr oder minder starke Wölbung.

6) Die vier letzten Beinpaare. Die Zahl, Form und Anordnung der Haftlöcher ist eines der wichtigeren Kennzeichen;
die Länge und Dicke des letzten Beinpaares, das Verhältniss
der Länge der einzelnen Glieder, besonders auch die Zahl der
Stacheln am untern Theile der Gelenkplatzen, sowie das Vorhandensein oder Fehlen von Furchenlinien sind von grosser
Bedeutung für den Artenunterschied.

7) Nicht minder wichtig ist die Bildung der äussern weiblichen Genitalien, die Zahl und Form der Zäpfchen am zweiten
Gliede derselben und die Form der Endkralle.

8) Die Färbung der Thiere ist für die Artenbestimmung
völlig werthlos.

Analytische Tabelle zur leichteren Bestimmung der Arten.

I. Abtheilung.

Arten mit Zahnfortsätzen an bestimmten Rückenschilden.

1. Zehn und mehr Zähne an der Unterlippe . . . . 2.
   Weniger als zehn Zähne an der Unterlippe . . . . 13.

2. Am 4. Hauptschilde Zahnfortsätze . 3.
   Am 4. Hauptschilde keine Zahnfortsätze, sondern nur an den drei hintern Zwischenschilden . . 8.

3. Am 4. Hauptschilde und den drei hintern Zwischenschilden Zahnfortsätze . . . . 4.
   Am 4. Hauptschilde und den vier hintern Zwischenschilden Zahnfortsätze . . . . 5.

4. Das 6. und 7. Glied der Schleppbeine innen mit deutlicher Längsfurche . . . . L. transmarinus.
   Das 6. und 7. Glied der Schleppbeine ohne Längsfurche . . . I. mordax.

5. Das vorletzte Beinpaar dicker als das letzte . . . . L. grossipes.
   Das vorletzte Beinpaar nicht dicker als das letzte . . . . . . 6.

6. {
Augen der obern Reihe rund . . L. festivus.
Augen der obern Reihe queroval . 7.
}

7. {
Die Zähne der Unterlippe gleich weit
von einander entfernt . . . L. montanus.
Die Zähne der Unterlippe nicht gleich
weit von einander entfernt . . L. punctulatus.
}

8. {
Hußlöcher rund . . . . 9.
Hußlöcher länglich . . . . . . 11.
}

9. {
Die Hußlöcher in einfacher Reihe . 10.
Die Hußlöcher in mehrfachen Reihen
und ohne Ordnung . . . . L. impressus.
}

10. {
Zahnfortsätze stumpf, der Innenrand
derselben aufgeworfen . . . L. muscorum.
Zahnfortsätze spitz, der Innenrand
derselben nicht aufgeworfen . L. hortensis.
}

11. {
Keine Furchenlinien auf den Schlepp-
beinen . . . . L. forficatus.
Furchenlinien auf den Schleppbeinen 12.
}

12. {
Auf dem 4. Gliede der Schleppbeine
eine muldenartige Furche . . L. parisiensis.
Auf dem 4. Gliede der Schleppbeine
eine einfache Furchenlinie . . L. trilineatus.
}

13. {
Acht Zähne an der Unterlippe . . 14.
Vier Zähne an der Unterlippe . . 17.
}

14. {
Mehr als 50 Fühlerglieder . . . L. piceus.
Weniger als 50 Fühlerglieder . . 15.
}

15. {
Am fünften Gliede der Schleppbeine
unten kein Stachel . . . . L. sordidus.
Am fünften Gliede der Schleppbeine
unten zwei Stacheln . . . . 16.
}

16. {
An keiner Hüfte mehr als 3 Löcher . L. crustaceus.
An keiner Hüfte unter 4 Löcher . L. fossor.
}

17. {
Am Ende des dritten Schleppbein-
gliedes unten nur ein Stachel 18.
Am Ende des dritten Schleppbein-
gliedes unten drei Stacheln . . 19.
}

18. {
Am fünften Gliede der Schleppbeine
unten nur ein Stachel . . . L. immutabilis.
Am fünften Gliede der Schleppbeine
unten kein Stachel . . . . . L. minimus.
}

19. {
Am fünften Gliede der Schleppbeine
unten zwei Stacheln . . . . L. dentatus.
Am fünften Gliede der Schleppbeine
unten keine Stacheln . . . . 20.
}

20. {
Am dritten und vierten Gliede der
Schleppbeine unten 3 Stacheln 21.
Am vierten Gliede der Schleppbeine
unten zwei Stacheln . . . . 22.
}

21. {
Die Rückenschilde mit spitzen Zahnfortsätzen . . . . L. bucculentus.
Die Rückenschilde mit stumpfen Zahnfortsätzen . . . . L. melanocephalus.
}

22. {
Die Rückenschilde runzelig . . . 23.
Die Rückenschilde glatt oder nur
wenig uneben . . . . . . 24.
}

23. {
Die Runzeln der Rückenschilde in
deutlich bemerkbarer Anordnung L. agilis.
Die Runzeln der Rückenschilde un-
geordnet . . . . L. macilentus.
}

24. {
Der Innenrand der Zahnfortsätze breit
aufgeworfen . . . . L. venator.
Der Innenrand der Zahnfortsätze kaum
bemerkbar aufgeworfen . . . L. velox.
}

II. Abtheilung.

Arten ohne Zahnfortsätze an den Rückenschilden.

1. {
Hoftlöcher oval . . . . 2.
Hoftlöcher rund . . . . 4.
}

2. {
Acht Zähne an der Unterlippe . . L. inermis.
Vier Zähne an der Unterlippe . . 3.
}

3.	Fühler langgliederig	L. granulatus.
	Fühler kurzgliederig	L. alpinus.
4.	Fühler nicht über 22 Glieder . .	5.
	Fühler mehr als 22 Glieder . . .	8.
5.	Schleppbeine beim Männchen mit einem Auswuchs	L. curtipes.
	Schleppbeine beim Männchen ohne Auswuchs	6.
6.	Die Hauptschilde mit eine Längsfurche	L. sulcatus.
	Die Hauptschilde ohne Längsfurche	7.
7.	Die Augen in einer Reihe . . .	L. aeruginosus.
	Die Augen in drei Reihen . . .	L. crassipes.
8.	Die Schleppbeine beim Männchen mit einem Auswuchs, beim Weibchen die Endkralle zweispitzig	L. calcaratus.
	Die Schleppbeine beim Männchen ohne Auswuchs, die Endkralle beim Weibchen dreispitzig . .	9.
9.	Die innern Zäpfchen am zweiten Gliede der Genitalien des Weibchens gegeneinander gekrümmt	10.
	Die innern Zäpfchen am zweiten Gliede der Genitalien des Weibchens nicht gegeneinander gekrümmt	12.
10.	Die Schleppbeine beim Männchen mit einer Furche	L. mutabilis.
	Die Schleppbeine beim Männchen ohne Furche	11.
11.	Der Kopf länglich	L. communis.
	Der Kopf herzförmig	L. cinnamomeus.
12.	Drei Stacheln unten am Ende des 3. und 4. Gliedes, ein Stachel am 5.	13.
	Ein Stachel unten am Ende des dritten und vierten Gliedes, keiner am 5.	16.

13. {
Nur vier Augen auf jeder Seite . L. carinatus.
Augen zahlreich . . . . 14.

14. {
Fühler nicht über 39 Glieder . . L. erythrocephalus.
Fühler nicht unter 36 Glieder . . 15.

15. {
Der Kopf rundlich . . . . . . L. mutious.
Der Kopf breit herzförmig . . . L. lucifugus.

16. {
Fühler kurz . . . . L. lubricus.
Fühler lang . . . . L. minutus.

I. Abtheilung. Arten mit Zahnfortsätzen an bestimmten Rückenschilden.

I. Unterabtheilung. Arten mit Zahnfortsätzen an Haupt- und Zwischenschilden.

A. Arten mit zahlreichen nicht in bestimmten Reihen geordneten Hüftlöchern.

Lithobius montanus. *F. Koch.*

Zähne der Unterlippe: 14.
Zahl der Fühlerglieder: 59 (nach F. Koch 47).
Hüftlöcher zahlreich, ohne bestimmte Ordnung; Form der Hüftlöcher rund.
Körperlänge: 17'''.
Augenstellung: Tab. I. 1.*)

Forstr. Koch, System der Myr. S. 148.

Glänzend, wenig gewölbt.

Kopf herzförmig, ziemlich glatt und flach, weitschichtig grob eingestochen punktirt; Furchenlinie der Kopfspitze sehr deutlich, in der Mitte nicht eingedrückt. Die Fühler sehr lang, das zweite Glied von ungewöhnlicher Länge, die letzten 14 Glieder verlängert. Gliederzahl 59, — alle Glieder mit sehr kurzen Borsten rings besetzt. — Unterlippe mehr als ⅓ breiter als lang, sehr gewölbt, zerstreut eingestochen punktirt, stark glänzend, Zahnrand aufgeworfen, breit, fast gerade, in der

---

*) Mit Uebergehung der fast zahllosen Abweichungen wurde nur die am häufigsten bei einer Art vorkommende Augenstellung abgebildet.

Mitte eingekerbt, mit 7 kurzen, gleich weit von einander entfernten Zähnen beiderseits. Lippentaster sehr glänzend, deutlich zerstreut eingestochen punktirt; Zangen lang, mässig gebogen.

Seitenauge oval, die übrigen Augen in vier wenig gebogenen Reihen; die beiden obern Reihen mit je vier, die untern mit je fünf Augen. Die drei hintern Augen der obersten Reihe sehr gross, queroval.

Die Rückenschilde etwas uneben runzelig, vom 4. beginnend die Oberfläche, besonders des vor- und drittletzten, körnig, — die Zwischenschilde ohne derartige Körner. — Der 4. Haupt- und die vier hintern Zwischenschilde mit langen Zahnfortsätzen. Die Beine sehr lang, besonders die Schleppbeine, diese viel länger als die Hälfte des Körpers. — Das vorletzte Beinpaar nicht so dick als das letzte, am dritten Gliede der beiden letzten Beinpaare oben zwei Längsfurchen, am 4. und 5. je eine an der Aussenseite, am 4. auch unten eine Längsfurche. — Die Schleppbeine unten sehr dicht fein eingestochen punktirt, glatt, fast haarlos, nur am Ende des 7. Gliedes unten einzelne angedrückte starke Borsten. An der Spitze des dritten Gliedes unten drei wenig gekrümmte Stacheln, ein langer mittlerer und zwei seitliche kürzere, am 4. nur zwei, indem hier der innere kürzere fehlt; ein längerer Stachel am 5. Gliede. Das 4., 5. und 6. Glied der Schleppbeine fast gleich lang, das 3. etwas kürzer. Das dritte unten fast schneidig scharf, innen stark ausgehöhlt, die übrigen fast walzlich, seitlich nur wenig zusammengedrückt. Hüftlöcher rund, zahlreich, ohne bestimmte Ordnung. Bauchschilde sehr glänzend, weitschichtig eingestochen punktirt.

Die vordern sechs Hauptschilde mit ihren Zwischenschilden und die Beine mit Ausnahme der beiden letzten Paare bräunlichgelb, die letzten drei Hauptschilde mit ihren Zwischenschilden dunkelbraunroth, — der Kopf, die Fühler und die beiden letzten Beinpaare braunroth, die vordern Bauchschilde bräunlichgelb, die letzten mehr rothbraun.

Scheint im südlichen Tirol auf höhern Bergen keine Seltenheit. — Durch Herrn Prof. P. Gredler in Botzen von der Seiseralpe erhalten.

Lithobius festivus.

Zähne der Unterlippe: 14.
Zahl der Fühlerglieder: 46—47.
Hüftlöcher zahlreich, ohne bestimmte Ordnung.
Form der Hüftlöcher: rund.
Körperlänge: 13''' (Weibchen), 11''' (Männchen).
Augenstellung: Tab. I. 2.

Mattglänzend, vorn flach, hinten mehr gewölbt.

Kopf breit herzförmig, oben flach, in den Seiten stärker hervorgewölbt, uneben, weitschichtig grob eingestochen punktirt, Furche der Kopfspitze deutlich, in der Mitte nicht eingedrückt.

Die Fühler mässig lang, das zweite Glied etwas verlängert, doch nicht so auffallend wie bei montanus, — alle Glieder kurzborstig dicht behaart. Gliederzahl 46 oder 47.

Unterlippe sehr breit und kurz, mässig gewölbt, sehr weitschichtig grob eingestochen punktirt, Zahnrand aufgeworfen, fast gerade, in der Mitte nur wenig eingekerbt, beiderseits 7 kurze, stumpfe, gleich weit von einander entfernte Zähne, Lippental- ler ohne eingestochene Punkte, Zangen derselben nicht sehr kräftig.

Augen in vier etwas gebogenen Reihen, 4, 4, 5, 3 beim Weibchen, 4, 4, 8, 2 beim Männchen, — die Augen der obern Reihe sämmtlich rund, viel grösser als die der übrigen; das Seitenauge sehr gross, spitzeiförmig.

Die Rückenschilde runzelig uneben, die 6 hintern Haupt- schilde mit zerstreuten Körnchen, die Zwischenchilde ohne solche. Der 4. Haupt- und die vier hintern Zwischenschilde mit grossen Zahnfortsätzen, deren Innenrand nicht aufgeworfen ist.

Die Beine sehr lang, die Schleppbeine viel länger als die Hälfte des Körpers (8¼'''). Das vorletzte Beinpaar bei beiden Geschlechtern nicht so dick als das letzte, — auf dem 3. und 4. Gliede oben zwei parallele Längsfurchen, auf dem fünften eine solche an der Aussenseite. Dieselben Furchen auch am Endpaare, nur hat bei diesem das 4. Glied auch unten eine Längsfurche. Von den Gliedern des Endpaares sind das 4. und 5. fast gleich lang, ebenso die beiden folgenden, diese aber länger, das dritte merklich kürzer. Das dritte unten fast schneidig scharf, die übrigen beinahe walzlich, seitlich nur wenig zusammengedrückt. Drei gerade Stacheln, nämlich ein langer mittlerer und zwei seitliche kürzere unten am Ende des dritten Gliedes, zwei am vierten (hier fehlt nämlich der innere kürzere), einer am 5. Gliede. Alle Glieder der Schleppbeine unten dicht sehr fein eingestochen punktirt. — Die Hüftlöcher rund, zahlreich, ohne bestimmte Ordnung. — Die Bauchschilde glänzender als die Rückenschilde; weitschichtig grob eingestochen punktirt.

Weibchen: Von den zwei konischen Zäpfchen am zweiten Gliede der Genitalien das innere kürzer, die Endkralle stark gekrümmt, einfach, weder gegabelt noch mit Seitenzähnchen. Das Männchen kleiner.

Der Kopf bräunlichgelb, die Kopfspitze, die Umgebung der Augen und die Seitenränder dunkelbraun, ein Längsfleck von derselben Farbe in der Mitte, auch am Hinterrande kleine dunkle Flecken. Die Rückenschilde bräunlichgelb, auf den Hauptschilden ein dunkelbrauner Pfeilfleck in der Mitte, beiderseits desselben vorne zwei braune Längsfleckchen, die Seiten- und Hinterränder der Hauptschilde breit braun gesäumt, der letzte Rückenschild einfarbig dunkelrothbraun. Die Fühler röthlichgelb, ebenso die beiden letzten Beinpaare und die hintern Bauchschilde. Die Unterlippe, die vordern Bauchschilde und die Beine gelb, letztere mit schwarzbraunen Krallen; die Stacheln an den Beinen gelb mit schwarzen Spitzen. Die Lippentaster gelb mit rothbraunen Zangen.

Bei Garmisch im bayerischen Hochgebirge. (Sammlung des Herrn Grafen Keyserling in München.)

***

Lithobius punctulatus. *F. Koch.*

Zähne der Unterlippe: 14 — 16.
Zahl der Fühlerglieder: 42.
Hüftlöcher: zahlreich, ohne bestimmte Ordnung.
Form der Hüftlöcher: rund.
Körperlänge: 12'''.
Augenstellung: Tab. L 9.

Forstr. Koch, Syst. d. Myr. S. 147.

Die drei Exemplare dieser Art, welche ich besitze, sind leider sämmtlich in sehr defectem Zustande.

Gewölbt, glänzend.

Der Kopf so lang als breit, wenig gewölbt, mit breiter, flacher Randeinfassung, die ganze Kopffläche, besonders die Spitze, zerstreut grob eingestochen punktirt, dazwischen grössere runde Grübchen; die Furchenlinie der Kopfspitze in der Mitte eingedrückt. Unterlippe gewölbt, breiter als lang, mit tiefer Mittelfurche, ziemlich dicht grob eingestochen punktirt, der Zahnrand in der Mitte wenig eingekerbt, nur wenig gekrümmt, beiderseits der Mittelkerbe 7 oder 8 kurze stumpfe Zähnchen, von denen die 4 äussern entfernter stehen, als die innern. Lippentaster sehr entwickelt, mit stark gekrümmten Zangen, zerstreut eingestochen punktirt.

Fühler länger als die Körperhälfte, dicht kurz behaart, mit 42 Gliedern. Augen in 4 Reihen entweder 4, 4, 5, 3 oder 4, 4, 4, 2, die der obern Reihe, besonders das erste derselben, grösser und queroval, das Seitenauge oval, schräg gestellt.

Die Rückenschilde gewölbt, der 4. Haupt- und die vier hintern Zwischenschilde mit kurzen breiten Zahnfortsätzen, nur die des hintersten Zwischenschildes etwas länger und spitzer. Die Fläche der Rückenschilde uneben, — um die Hinterrandswinkel des 5., 6. und 7. Hauptschildes etwas körnig.

Beine fehlen bei meinen Exemplaren. Nach den Beschreibungen von Forstrath Koch haben die 3. und 4. Glieder der vier Hinterbeinpaare oben zwei Längsfurchen und einen Längskiel zwischen diesen. Die Hüftlöcher rund, zahlreich, nicht in bestimmte Reihen geordnet.

Sämmtliche Bauchschilde deutlich dicht fein eingestochen punktirt.

Von den zwei sehr starken und spitzen Zäpfchen am 2. Gliede der weiblichen Genitalien das äussere länger als das innere, die Endkralle einfach, ohne Seitenzähnchen.

Rostroth, die Bauchschilde etwas heller.

Vorkommen: Dalmatien und Griechenland.

Lithobius grossipes. *F. Koch.*

Zähne der Unterlippe: 16.

Zahl der Fühlerglieder: 46.

Hüftlöcher: zahlreich, ohne bestimmte Ordnung.

Form der Hüftlöcher: rund.

Körperlänge: 15'''.

Augenstellung: Tab. I. 4.

Forstr. Koch, System der Myr. S. 146.

Glänzend, flach.

Kopf breiter als lang, in den Seiten gerundet, Hinterrand fast gerade, die Kopffläche uneben, eingestochen punktirt, Furchenlinie der Kopfspitze deutlich, in der Mitte nicht eingedrückt. Randeinfassung nieder und breit.

Die Fühler mit 46 dicht kurzborstigen Gliedern.

Unterlippe breit, stark gewölbt, ohne eingestochene Punkte, Zahnrand gerade und breit, mit tiefer Mittelkerbe, beiderseits derselben acht kurze, stumpfe Zähnchen, von denen die äussern vier etwas entfernter stehen als die innern.

Seitenauge gross, oval, schräggestellt, die übrigen Augen in vier geraden Reihen mit je drei Augen, von denen die der obersten Reihe sehr gross und queroval sind und ziemlich weit von einander entfernt stehen.

Die Rückenschilde flach, in den Seiten stark runzelich uneben, der 4. Haupt- und die vier hintern Zwischenschilde an den Hinterrandsecken mit grossen Zahnfortsätzen, deren Innenrand nicht aufgeworfen ist.

Die Beine sehr lang, das 3., 4. und 5. Glied des vorletzten Beinpaares auffallend dicker, als die betreffenden Glieder des letzten.

Länge der Schleppbeine 7¼''', das 3. und 4. Glied fast gleichlang, etwas kürzer als die ebenfalls gleichlangen 5. und 6. Das 3. Glied innen ausgehöhlt, seitlich zusammengedrückt, gegen das Ende keulig verdickt; das 4. und die übrigen fast walzlich. — Das 3. und 4. Glied der beiden letzten Beinpaare oben mit zwei parallelen Furchenstrichen, das 5. mit einem an der Aussenseite. Drei gerade Stacheln (ein langer mittlerer und zwei kürzere seitliche) am 3. Gliede, zwei am 4. (hier

fehlt der innere kürzere), einer am 5. Gliede. Hüftlöcher
rund, zahlreich, ohne bestimmte Ordnung.

Bauchschilde glänzend, auf den vordern zwei, auf den
hintern drei etwas undeutliche Längseindrücke.

Die Zäpfchen am zweiten Gliede der weiblichen Genitalien spitz konisch, die Endkralle stark gekrümmt, ungetheilt.

Ich besitze nur ein abgeblichenes aufgestecktes Exemplar,
an dem die Färbung kaum mehr zu erkennen ist; da dieselbe
überhaupt zur Kenntniss der Arten bei den Lithobien nichts
beiträgt, kann die Beschreibung derselben ganz wegbleiben.
Vaterland: Idria.

B. Arten mit einer einfachen Reihe ovaler Hüftlöcher.

Lithobius transmarinus.

Zähne der Unterlippe: 12.
Zahl der Fühlerglieder: 38.
Zahl der Hüftlöcher: 5, 8, 7, 5 oder 6, 8, 7, 5,
Form der Hüftlöcher: oval.
Körperlänge: $7\frac{1}{4}$'''.
Augenstellung: Tab. I. 5.

Sehr gewölbt, glänzend.

Kopf auffallend länger als breit, gewölbt, mit flacher
Randeinfassung, die Kopffläche uneben, mit vereinzelten, grob
eingestochenen Punkten; hinter der sehr feinen Furchenlinie der
Kopfspitze zwei runde Grübchen. Die Fühler lang, mit 38
Gliedern; Behaarung abgerieben (jedoch so viel sich noch er-
kennen lässt, ziemlich langborstig), das Endglied fast eiförmig.

Die Augen in fünf gebogenen Reihen, dicht gedrängt 7,
7, 5, 7, 5. Das Seitenauge oval, nahe an den übrigen. Die
Unterlippe sehr glänzend, wenig gewölbt, der Zahnrand schmal,
zu beiden Seiten der tiefen Mittelkerbe gebogen, beiderseits 6
kurze, stumpfe Zähne, wovon die äussern entfernter stehen.
Die Unterlippe sowie die Lippentaster weitschichtig grob eingestochen punktirt.

Die Rückenschilde gewölbt, in den Seiten etwas

runzelig, der 4. Hauptschild mit einem Zahnfortsatze, deren Innenrand aufgeworfen, auch die drei letzten Zwischenschilde mit Zahnfortsätzen, deren Innenrand jedoch nicht aufgeworfen. Das 4., 5. und 6. Glied der Schleppbeine gleich lang, das 3. kürzer, alle Glieder seitlich zusammengedrückt, das 4—7. dicht fein eingestochen punktirt; am 3. und 4. drei Stacheln (ein mittlerer langer und zwei seitliche kürzere) am 5. nur der mittlere und der äussere; das 3. und 4. Glied unten mit einer Längsfurche, — an der Innenseite des 6. und 7. eine tiefe Längsrinne.

Die Hüftlöcher oval, am hintersten Beinpaar 5 oder 6, am vorletzten 6, am drittletzten 7, am vordersten 5.

Am zweiten Gliede der weiblichen Genitalien die Zäpfchen lang und spitz; die Endkralle stumpf mit zwei ebenfalls stumpfen kurzen Seitenzähnchen.

Die Bauchschilde glänzend.

Bräunlichgelb, der Kopf, die Fühler, Unterlippe und Lippentaster röthlichbraun, letztere mit schwarzer Zangenspitze. Beine bräunlichgelb.

Vaterland: Neworleans. (Sammlung des Herrn Grafen Keyserling.)

Lithobius mordax.

Zähne der Unterlippe: 12—14.
Zahl der Fühlerglieder: ?
Zahl der Hüftlöcher: 6, 8, 8, 0.
Form der Hüftlöcher: länglich.
Körperlänge: 14'''.
Augenstellunge: Tab. I. 6.

Mattglänzend, vorne ziemlich flach, hinten mehr gewölbt.

Kopf breiter als lang, kahl, etwas uneben, mit schmaler Randeinfassung, — überall, besonders aber die vordere Kopfhälfte sehr grob eingestochen punktirt. Die Furchenlinie der Kopfspitze sehr fein, in der Mitte nicht eingedrückt.

Fühler langgliederig, Glieder über 36 (abgebrochen, auch die Behaarung abgerieben und nur an einzelnen Stellen, besonders am Ende der Glieder noch zu bemerken).

Unterlippe gewölbt, mit tiefer Mittelrinne, an der Basis sehr breit, weitschichtig grob eingestochen punktirt. Zahnrand mit tiefer Mittelkerbe, beiderseits derselben gebogen, mit 6—7 sehr langen und kräftigen Zähnen, von denen die äussern weiter von einander entfernt, als die inneren; die Lippentaster grob eingestochen punktirt.

Augen in vier gebogenen Reihen, 6, 6, 6, 6 — das Seitenauge grösser, oval.

Die vordern Rückenschilde wenig, die hintern mehr gewölbt, die Fläche, besonders in den Seiten, uneben, rauh, mit zerstreuten grob eingestochnen Punkten, der vierte Hauptschild mit kurzer zahnartiger Verlängerung, deren Innenrand aufgeworfen, die drei hintern Zwischenschilde an den Hinterrandsecken mit sehr langen, spitzen Zahnfortsätzen, deren Innenrand jedoch nicht aufgeworfen.

Die Bauchschilde in der Mitte mit einer rundlichen Impression.

Die Schleppbeine sehr lang, das 4 — 7. Glied dicht fein eingestochen punktirt. Das 3. Glied das kürzeste, das 5. das längste, das 4. und 6. gleich lang, das 3. kurz und dick, das 4. stark aufgetrieben, mit tiefer, muldenartiger Längsvertiefung, dicker als das dritte, beide unten mit einer Längsfurche; die übrigen fast walzlich, seitlich nur wenig zusammengedrückt. Am 3. und 4. unten drei Stacheln (ein mittlerer langer und zwei seitliche kürzere), am 5. nur ein Stachel.

Hüftlöcher länglich, 6, 8, 8, 9.

Das ganze Thier oben rothbraun, ebenso die Fühler, Lippentaster, Unterlippe, die hintern Beine und letzten Bauchschilde; die Zangenspitze und Zähne der Unterlippe schwarzbraun. Die vordern Bauchschilde und Beine bräunlichgelb.

Vaterland: Neworleans. (Sammlung des Herrn Grafen Keyserling in München.)

3 *

36

II. Unterabtheilung. Arten mit Zahnfortsätzen an den Zwischenschilden.

A. Hüftlöcher zahlreich, nicht in bestimmter Ordnung.

Lithobius impressus. F. Koch.

Zähne der Unterlippe: 12—14.
Zahl der Fühlerglieder: 47—48.
Hüftlöcher: zahlreich.
Form der Hüftlöcher: rund.
Körperlänge: 11'''.
Augenstellung: Tab. I. 7. a. und h.

Forstr. *Koch* in Wagner's Reisen in Algier B. III. S. 224.
Lucas Algérie. p. 340. pl. 2. f. 4.
Gervais Apt. IV. p. 254.

Glänzend, flach.

Kopf breit herzförmig, gemischt grob und fein eingestochen punktirt, mit zerstreuten kurzen Borstchen, breiter Randeinfassung, die Furchenlinie der Kopfspitze weit zurückgehend, in der Mitte etwas eingedrückt. Die Fühler sehr lang, kurzborstig, mit 47 oder 48 Gliedern, die ersten drei Glieder länglich, die übrigen kurz und dick, das Endglied nur wenig verlängert. Die Unterlippe mit tiefer Mittelfurche, beiderseits derselben stark gewölbt, mit breitem, fast geradem Zahnrande, die Mittelkerbe desselben schwach, beiderseits dieser 6 oder 7 stumpfe Zähnchen, deren äussere drei, resp. vier, entfernter stehen als die innern. Die Unterlippe gemischt grob und fein eingestochen punktirt, ebenso die Lippentaster.

Die Augenstellung bei beiden Exemplaren, welche ich zur Untersuchung habe, sehr verschieden; bei dem einen vier Querreihen 4, 4, 3, 4 und das Seitenauge nicht grösser als die andern, — bei dem zweiten nur drei Querreihen mit einem sehr grossen Seitenauge, 4, 3, 4.

Die Rückenschilde flach, etwas runzelig, vom fünften Hauptschilde anfangend alle hintern Haupt- und Zwischenschilde dicht körnig rauh, die drei hintern Zwischenschilde mit nach hinten stufenweise längern, fast stumpfen Zahnfortsätzen, deren

Innenrand schwach aufgeworfen. Die Bauchschilde glänzender als die Rückenschilde.

Die Schleppbeine sehr lang, das 3. und 4. Glied gleichlang, ebenso das 5. und 6., letztere beide etwas länger, das 4. bis 7. Glied weitschichtig fein eingestochen punktirt. Das 3. Glied am Ende stark keulig verdickt, die übrigen walzlich und dünn. Am Ende des 3. und 4. Gliedes unten drei Stacheln (ein mittlerer langer, zwei seitliche kürzere), je einer am 5. und 6. Gliede. — Die Hüftlöcher rund, grössere und kleinere untereinander, am hintersten acht in zwei Reihen, an den übrigen achtzehn bis zwanzig ohne bestimmte Anordnung.

Hellgelb, die Randeinfassung des Kopfes und der vordern Hauptschilde röthlichbraun; die Beine heller als der Körper. Die Zähne der Unterlippe braunschwarz, die Zangen der Lippenfaster gegen die Spitze aus dem Rothbraunen in's Schwarze übergehend.

Vorkommen: Algier und Oran. (Sammlung des Herrn Grafen Keyserling.)

Die beiden Exemplare, welche ich zur Untersuchung vor mir habe, besitzen nur an den drei hintern Zwischenschilden Zahnfortsätze, stimmen übrigens sonst genau mit der von Forstr. Koch gegebenen Beschreibung, — in welcher bemerkt ist, dass an den vier hintern Zwischenschilden Zahnfortsätze seien, überein. — Ich glaube, dass hier lediglich ein Schreib- oder Druckfehler sich eingeschlichen hat.

B. Die Hüftlöcher in einer einfachen Reihe.

a. Die Hüftlöcher oval.

Lithobius trilineatus.

Zähne der Unterlippe: 12.
Zahl der Fühlerglieder: 37—41.
Zahl der Hüftlöcher: 5, 7, 7, 6.
Form der Hüftlöcher: länglich.
Körperlänge: 9¼ ''' (Männchen), 10 ''' (Weibchen).
Augenstellung: Tab. L 8.

Sehr glänzend, gewölbt.

Kopf breit herzförmig, oben flach, die Seiten etwas aufgetrieben, uneben, zerstreut grob und fein eingestochen punktirt,
die Randeinfassung breit, die Furchenlinie der Kopfspitze deutlich, in der Mitte nicht eingedrückt.

Die Unterlippe breit, zerstreut grob eingestochen punktirt,
der Zahnrand breit, in der Mitte tief eingekerbt, beiderseits
sechs lange Zähnchen, von denen die Äussern drei entfernter
stehen, als die innern.

Die Lippentaster weitschichtig grob eingestochen punktirt.

Die Fühler kürzer als die Körperhälfte, derbgliederig,
dicht kurzborstig, 37—41 Glieder, das Endglied verlängert.

Die Augen in sechs Reihen 5, 7, 6, 5, 4, 3. Die Augen
der obersten Reihe stehen ziemlich entfernt von einander. Das
Seitenauge oval, schräg gestellt.

Die Rückenschilde wenig uneben, an den Hinterecken
der drei hintern Zwischenschilde lange Zahnfortsätze mit aufgeworfenem Innenrande.

Die Beine lang, die Schleppbeine 5''', das 3. Glied unten
schneidig, ziemlich gerade, d. h. innen nur wenig ausgehöhlt,
nach hinten verdickt, ohne Furche, das vierte walzlich oben
mit zwei Furchenlinien, die folgenden seitlich stark zusammengedrückt, das fünfte oben ebenfalls mit einer Furchenlinie. Das
3., 4. und 6. fast gleichlang, das 5. etwas länger. Das 4.—7.
Glied weitschichtig fein eingestochen punktirt, drei gerade Stacheln (ein mittlerer langer und zwei seitliche kürzere) am 3.
und 4. Gliede, zwei am 5. (hier fehlt der innere kürzere).

Die Hüftlöcher länglich, 5, 7, 7, 6.

Die Zäpfchen am zweiten Gliede der weiblichen Genitalien
sehr entwickelt, konisch; die Endkralle mit zwei Seitenzähnchen
unter der Spitze.

Der Rücken des Thieres bräunlichgelb, über sämmtliche
Rückenschilde zieht ein ziemlich breiter gelber Längsstrich
beiderseits von diesem zwei kürzere aber eben so breite, etwas
schräg verlaufende Striche. Der Kopf, die Fühler, Unterlippe
und Lippentaster röthlichbraun, letztere mit braunschwarzen
Zangenspitzen. Die Beine röthlichgelb, die hintern etwas
dunkler, die Bauchschilde bräunlichgelb.

Vaterland: Bahia. (Sammlung des Herrn Grafen Keyserling.)

Lithobius forficatus. *F. Koch.*

Zähne der Unterlippe: 10—14.

Zahl der Fühlerglieder: 36—48.

Zahl der Hoftlöcher; beim Männchen: 8, 8, 8, 6 — 7, 7, 7, 6 — 7, 8, 6, 6 — 7, 6, 6, 5 — 8, 8, 6, 4. Beim Weibchen: 8, 8, 8, 6 — 6, 6, 6, 5. ′

Form der Hoftlöcher: oval.

Körperlänge: 9—11′″.

Augenstellung: Tab. I. 9.

Mit Sicherheit kann bei dieser Art nur citirt werden:
Forstr. Koch, Deutschl. Arach. Myr. und Crust. Heft 40. 20.

Glänzend, bald mehr, bald weniger gewölbt.

Kopf glänzend, breit herzförmig, oben abgeplattet, uneben, mit schmaler, erhöhter Randeinfassung. Die ganze Kopffläche, besonders aber die Kopfspitze, weitschichtig grob eingestochen punktirt; — an der Kopfspitze sind diese eingestochnen Punkte bei allen Exemplaren mehr oder weniger immer zu sehen, während sie auf der übrigen Kopffläche öfters ganz fehlen. Die Furchenlinie der Kopfspitze stets deutlich, — in der Mitte nicht eingedrückt.

Die Fühler lang, dicht kurzborstig, die Zahl der Glieder steigt bis 48, geht aber nie unter 36 herunter, meist beträgt sie 42 oder 43.

Die Unterlippe an der Basis fast um die Hälfte breiter, als ihre Länge, sehr glänzend, gewölbt mit tiefer Mittelrinne, zerstreut grob eingestochen punktirt. Der Zahnrand breit mit tiefer Mittelkerbe, beiderseits derselben etwas bogig, Zähne sehr kräftig, stumpf, fast immer in gleicher Entfernung von einander, — beiderseits der Mittelkerbe an Zahl zwischen fünf und sieben wechselnd. Bei einem Exemplar waren auf einer Seite sieben, auf der andern neun Zähne; bei der Mehrzahl sind beiderseits sechs Zähne als Norm anzunehmen. Die Lippentaster sehr

kräftig, glänzend, weitschichtig grob eingestochen punktirt, die
Zangen lang, stark gekrümmt. Die Augen an Zahl und Anordnung sehr variirend, meist
in sechs, seltner in fünf, zuweilen in sieben mehr oder minder
gebogenen Querreihen. Ihre Gesammtzahl wechselt zwischen
36—67. Auf einer Seite sind zuweilen sieben oder acht mehr
als auf der andern. Folgende Anordnung (von oben nach
unten gezählt) erscheint als die häufigste:

5, 5, 5, 5, 4, 2 oder 5, 5, 5, 5, 5, 2.

Das hintere grosse Auge oval, — die übrigeu Augen
meist gleichgross, rund, nur die der untersten Reihen kleiner.

Die Rückenschilde mehr oder weniger gewölbt, glänzend,
etwas uneben, die vordern theilweise (und nicht bei allen
Exemplaren) grob eingestochen punktirt. Die drei letzten
Zwischenschilde an den Hinterecken mit Zahnfortsätzen. Der Innenrand der Zähne ist nur wenig aufgeworfen, bei manchen Exemplaren gar nicht. Die Bauchschilde meist ebenfalls grob eingestochen
punktirt, — der letzte mit einer gabeligen Impression. Die
Schleppbeine lang, ziemlich dicht kurzborstig, das 3., 4. und 6.
Glied gleich lang, das 5. gewöhnlich etwas länger. Das 3.
Glied innen ausgehöhlt, gegen das Ende verdickt, unten schneidig zusammengedrückt, das 4. etwas keulig, oben zuweilen
mit einer Längsfurche, die übrigen fast walzlich, seitlich etwas
zusammengedrückt. Am 3. und 4. Gliede unten drei Stacheln
(ein mittlerer längerer und zwei seitliche kurze), am 5. nur zwei,
ein längerer in der Mitte und ein kurzer äusserer. Bei manchen Exemplaren sind die Glieder der Schleppbeine dicht fein
eingestochen punktirt, bei andern nur weitschichtig, bei vielen
gar nicht. Die Haftlöcher länglich, vier oder fünf an der hintersten, sechs, sieben oder acht an den übrigen Hüften.

Die zwei Zäpfchen am zweiten Gliede der weiblichen
Genitalien kurz und dick, das innere nur wenig kürzer, die
Endkralle stark gekrümmt mit zwei Seitenhäckchen unter der
Spitze.

Das Männchen kleiner als das Weibchen.

Der Kopf und die Rückenschilde dunkelrothbraun, vom
2. Hauptschilde an auf jedem in der Mitte ein hellerer Längs-

strich: die Fühler von der Körperfarbe, die letzten Glieder aber röthlichgelb; Unterlippe und Lippentaster röthlichbraun, die Zangenspitze schwarz. — Die Bauchschilde bräunlichgelb, mit heller Seitenumrandung, die letzten drei Bauchschilde röthlichbraun. Die Beine graugelb mit gelben Endgliedern, — die Schleppbeine rothbraun mit heller gefärbten Endgliedern. Varürt mehr oder weniger glänzend, heller und dunkler.

Bei einem sonst vollständig entwickelten weiblichen Exemplare waren folgende Missbildungen zu bemerken:

1) Der rechte Fühler hatte nur 32 Glieder.

2) Der linke war vollständig verkümmert und besass nur 11 Glieder, welche aber sonst regelmässig gestaltet erschienen.

3) Die linke Unterlippe hatte nur drei vollständig entwickelte Zähne, die übrigen waren nur rudimentär vorhanden.

Vorkommen: L. forficatus scheint nur dem mittleren und nördlichen Europa anzugehören. Er kommt in Wäldern und deren nächster Umgebung vor, — zuweilen in Gärten; doch hier wahrscheinlich nur mit Waldstreu eingeschleppt.

Lithobius forficatus var. villosus.

Eine auffallende Varietät von L. forficatus, welche in den bayerischen Alpen vorkommt, jedoch zu wenig Charakteristisches besitzt, um als eigene Art gelten zu können.

Der Körper ist sehr stark gewölbt, besonders vom 3. Rückenschilde an; glänzend. Länge: 11'''.

Der Kopf breit herzförmig, uneben, weitschichtig grob eingestochen punktirt. Fühler mit 43 Gliedern, diese kurzborstig. Die Unterlippe sehr glänzend, kaum bemerkbar eingestochen punktirt; beiderseits mit sechs kräftigen Zähnen, von denen die drei äussern entfernter stehen als die innern. Das zweite Glied der Lippentaster deutlich grob eingestochen punktirt.

Die Augenstellung etwas anders als bei forficatus, — Gesammtzahl 68, die Augen dicht aneinander gereiht, ohne bestimmte Anordnung in Querreihen, — dem äussern Umrisse nach traubenförmig.

Die Rückenschilde sehr gewölbt, alle sehr uneben. — Die

drei letzten Hauchschilde an den Rändern und auf der Oberfläche mit langen Borsten ziemlich dicht besetzt.
Die Ileine länger als bei forficatus, — das Endpaar gerade halb so lang als Kopf und Körper zusammen, — das 3.
Glied der Endbeine innen stark ausgehöhlt, an der Spitze verdickt, so lang als das 4., die zwei folgenden länger als die
ersten beiden, das Endglied nur halb so lang als das vorhergehende, sämmtliche Glieder seitlich zusammengedrückt. Die
Huftlöcher fast noch einmal so lang als bei forficatus, daher
mehr spaltförmig, je neun an den drei vordern, sechs am hintersten Beinpaare.
Das Weibchen unbekannt.
Die Färbung zeigt keine wesentlichen Unterschiede von
forficatus.

Lithobius parisiensis.

Zähne der Unterlippe: 16.
Zahl der Fühlerglieder: ?
Zahl der Huftlöcher: 7, 9, 10, 9.
Form der Huftlöcher: fein geschlitzt.
Körperlänge: 13¼'''.
Augenstellung: Tab. I. 10.
Gewölbt sehr glänzend.
Kopf breit herzförmig, uneben, mit verhältnissmässig
schmaler Randeinfassung. Die Furche der Kopfspitze deutlich,
in der Mitte nicht eingedrückt. Die Kopffläche weitschichtig
sehr fein eingestochen punktirt.
Die Fühler langgliederig (leider abgebrochen, auch die
Behaarung bis auf Spuren abgerieben).
Unterlippe sehr breit, mit tiefer Mittelfurche, beiderseits
stark gewölbt, weitschichtig grob eingestochen punktirt, Zahnrand sehr breit mit tiefer Mittelkerbe, beiderseits acht kräftige
stumpfe Zähnchen, von denen die vier äussern entfernter stehen
als die innern. Die Lippentaster gemischt grob und fein eingestochen punktirt.
Seitenaugs verhältnissmässig klein, oval, die übrigen in

sechs mehr gebogene Reihen dicht zusammengedrängt. Gesammt-zahl 76.

Die vordern Rückenschilde fast glatt, die letzten fünf Hauptschilde körnig rauh. Die letzten drei Zwischenschilde mit langen sehr spitzen Zahnfortsätzen, deren Innenrand kaum bemerkbar aufgeworfen.

Die Bauchschilde von gewöhnlicher Form.

Die Beine lang, besonders die Schleppbeine, 6''', von diesen das 5. und 6. gleichlang, das 4. etwas kürzer, das 3. noch kürzer; letzteres innen ausgehöhlt, die übrigen fast walzlich, seitlich nur wenig zusammengedrückt. Unten am 3. und 4. Gliede eine Längsfurche, ebenso oben auf dem 3.; auf dem 4. oben eine muldenartige Längsvertiefung, vom 4. — 7. alle dicht fein eingestochen punktirt. Drei Stacheln unten am 3. und 4. Gliede (ein mittlerer langer und zwei seitliche äussere kürzere), am fünften Gliede nur ein äusserer.

Hüftlöcher sehr lang und schmal, 7, 9, 10, 9.

Das ganze Thier rothbraun, die Bauchschilde bräunlichgelb, die Zange der Lippentaster schwarz, die Fühler und Beine rostroth.

Vorkommen: Paris. (Sammlung des Herrn Grafen Keyserling.)

b. Die Hüftlöcher rund.

1. 10 und mehr Zähne an der Unterlippe.

Lithobius muscorum.

Zähne der Unterlippe: 12.
Zahl der Fühlerglieder: 33.
Zahl der Hüftlöcher: 4, 6, 6, 5.
Form der Hüftlöcher: rund.
Körperlänge: 6¼'''.
Augenstellung: Tab. I. 11.

Sehr glänzend, gewölbt.
Kopf herzförmig, gewölbt, etwas uneben, zerstreut borstig,

weitschichtig grob eingestochen punktirt, besonders die Kopf-
spitze; Randeinfassung schmal. Furchenlinie der Kopfspitze fein.
Fühler sehr kurz, dicht kurzborstig, mit 33 Gliedern, das
Endglied nur wenig länger.

Die Augen in vier gebogenen Reihen; das Seitenauge
oval, schräg gestellt, die übrigen rund, die Augen der obersten
Reihe grösser. 5. 5, 4, 3.

Die Unterlippe sehr gewölbt, weitschichtig grob eingestochen punktirt, der Zahnrand breit, gerundet, mit tiefer Mittelkerbe, beiderseits sechs lange, spitze Zähne, von denen die
äussern drei entfernter stehen als die innern. Die Lippentaster
weitschichtig grob eingestochen punktirt.

Die Rückenschilde gewölbt, fast glatt, die drei hintern
Zwischenschilde mit langen stumpfen Zahnfortsätzen, deren
Innenrand breit aufgeworfen.

Von den Zäpfchen am zweiten Gliede der weiblichen
Genitalien das äussere dick und in eine feine Spitze endend,
das innere sehr dünn und spitz, die Endkralle sehr fein, wenig
gebogen, an der Basis der Kralle zwei seitliche feine und lange
Häckchen.

Von den Schleppbeinen das 3.—6. Glied gleich lang, das 3.
innen ausgehöhlt, gegen das Ende keulig, unten fast schneidig
scharf, die übrigen fast walzlich; seitlich nur wenig zusammengedrückt. Das 3.—7. Glied nicht sehr dicht fein eingestochen
punktirt, am Ende des 3. und 4. Gliedes unten drei gerade
Stacheln (ein langer mittlerer und zwei seitliche kürzere); am
5. fehlt der innere kürzere. — Die Hüftlöcher rund, 4, 6, 6, 5.

Der Kopf rothbraun, die Kopfspitze und einzelne Längsstreifen vor dem Hinterrande heller. Die Fühler rothbraun mit
rostgelber Spitze. Unterlippe und Lippentaster rostgelb, letztere
mit rothbrauner Fangkralle, deren Spitze braunschwarz. Rückenschilde rothbraun, in der Mitte des 2.—7. ein heller Längsstreif, beiderseits von diesem zwei andere, etwas schräg verlaufende. Bauchschilde und Beine rostgelb; das Endglied der
letzteren hellgelb. Die letzten drei Beinpaare rothbraun mit
hellgelben Endgliedern.

Vorkommen: Im Moos feuchter Waldungen.

Lithobius hortensis.

Zähne der Unterlippe: 10—14.

Zahl der Fühlerglieder: 35—45.

Zahl der Hüftlöcher: Männchen: 5, 6, 6, 4 — 4, 5, 5, 4 —
4, 4, 4, 4 — 5, 5, 5, 4 — 6, 6, 6, 4. Weibchen:
6, 6, 6, 5 — 6, 6, 6, 5 — 5, 5, 6, 5 — 5, 7, 7, 4 —
6, 7, 7, 6 — 7, 7, 7, 6.

Form der Hüftlöcher: rund.

Körperlänge: 5—8 '''.

Augenstellung: Tab. I. 12.

Mit Lithobius forficatus und glabratus F. Koch nahe verwandt, von ersterm aber dadurch leicht zu unterscheiden, dass
die Hüftöffnungen rund sind; von letzterem darin wesentlich
verschieden, dass die Kopffläche deutlich grob eingestochen
punktirt, der vorletzte Hauptschild nicht gleichbreit ist und die
Beine nicht einfarbig gelb sind.

Der Körper ziemlich gewölbt, sehr glänzend.

Der Kopf uneben, überall mehr oder weniger weitschichtig grob eingestochen punktirt, etwas breiter als lang, der Hinterrand etwas geschwungen. Die Bogenlinie der Kopfspitze
deutlich.

Bei der Mehrzahl der untersuchten Exemplare betrug die
Zahl der Fühlerglieder 42, bei einzelnen stieg sie auf 45 oder
sank auf 35 herunter, — während bei forficatus die Zahl der
Fühlerglieder häufig bis 48 steigt und nicht tiefer als auf 36
sinkt. Die Fühler ziemlich dicht kurzborstig.

Die Unterlippe weitschichtig grob eingestochen punktirt,
der Vorderrand in der Mitte tief eingekerbt, beiderseits nur
wenig gebogen, mit fünf bis sieben ganz kurzen, stumpfen
Zähnchen; die Mehrzahl der Exemplare hat nur fünf Zähne
auf jeder Seite. Auffallend ist, dass die Weibchen meist mehr
solche Zähnchen besitzen, als die Männchen. Von elf Weibchen
hatten acht sechs Zähnchen beiderseits, von neun Männchen
sieben fünf Zähnchen.

Fresszangen sehr kräftig und glänzend mit einzelnen grob
eingestochnen Punkten, spärlich mit kurzen Borsten besetzt, nur
unten am Zangengliede ein Büschel langer, gerader Borsten.

Die Abänderungen bezüglich der Zahl der Augen und ihrer reihenweisen Anordnung sind so bedeutend, dass es schwer hält nur annähernd etwas bestimmtes zu ermitteln. Die Augen sind meist in fünf Reihen geordnet, ihre Gesammtzahl schwankt zwischen 54 und 29, bei der Mehrzahl 45 oder 42, gewöhnlich in folgender Ordnung der horizontalen Reihen von oben nach unten 5, 5, 6, 4, 2.

Das hintere grosse Auge oval, etwas schräg gestellt, das hintere erste der obersten Reihe grösser als die übrigen. Alle Rückenschilde gewölbt, fast glatt, in der Gestalt ohne wesentliche Verschiedenheit vom Gewöhnlichen. Der vorletzte vorn breit, nach hinten sehr verschmälert. Der Innenrand der Zahnfortsätze kaum bemerkbar aufgeworfen. Die Bauchschilde sehr glänzend.

Die Schleppbeine fast halb so lang als Kopf und Körper zusammen; das dritte Glied unten schneidig zusammengedrückt, etwas ausgehöhlt, die übrigen fast walzlich, meist dicht fein eingestochen punktirt, zuweilen sehr weitschichtig, manchmal ohne eingestochene Punkte. Am 3. und 4. Gliede je ein langer mittlerer und zwei seitliche kurze Stacheln, am 5. fehlt der innere kürzere. Das 3., 4. und 6. Glied gleichlang, das 5. etwas länger. Alle Glieder mit kurzen Borsten rings besetzt.

Die Hüftlöcher rund; beim Weibchen am letzten Hüftenpaar meist je sechs, beim Männchen gewöhnlich nur vier solcher Oeffnungen, an den übrigen sechs, fünf oder vier.

Das Männchen kleiner als das Weibchen.

Die Glieder der weiblichen Genitalien kurz und sehr dick, die zwei Zäpfchen am 2. Gliede ebenfalls kurz und dick; die Endkralle mit zwei Seitenbäckchen unter der Spitze.

Der Kopf rothbraun, die Spitze verdunkelt, die ersten beiden und letzten fünf bis sechs Glieder der Fühler hellgelb, die übrigen bräunlich. Die Unterlippe gelb, das 2. Glied der Lippentaster gelb, die übrigen Glieder röthlichbraun mit schwarzer Zangenspitze. Die Haupt- und Zwischenschilde des Rückens mit Ausnahme der beiden letzten hellgelb, die aufgeworfenen Ränder und die beiden letzten Rückenschilde rothbraun. Die Bauchschilde gelb, ebenso die Hüften, das erste und die beiden letzten Glieder der Beine; die mittlern dunkler gefärbt; an den beiden letzten Beinpaaren sind blos die Huftglieder und das Endglied gelb, die übrigen aber bräunlich.

Kommt in Düngstätten, Schutthaufen, in welchen vegetabilische Substanzen vermodern, vor, besonders in Mistbeeten; immer in der Nähe bewohnter Orte. Ich fand diese Art in Nürnberg und der Rheinpfalz (Landstuhl).

2. Acht Zähne an der Unterlippe.

Lithobius sordidus.

Zähne der Unterlippe: 8.

Zahl der Fühlerglieder: 43.

Zahl der Hüftlöcher: 4, 4, 4, 4.

Form der Hüftlöcher: rund.

Körperlänge: 5'''.

Augenstellung: Tab. I. 13.

Glänzend, wenig gewölbt.

Der Kopf rundlich, oben flach, fast glatt, in der Mitte der Kopfspitze ein Grübchen, auf der Kopffläche zerstreut kurze Borstchen und fein eingestochene Punkte, die Randeinfassung breit. Die Furchenlinie der Kopfspitze sehr fein, in der Mitte nicht eingedrückt.

Die Fühler mit 43, dicht langborstigen Gliedern, das Endglied lang.

Unterlippe gewölbt, nicht eingestochen punktirt, der Zahnrand mit tiefer Mittelkerbe, beiderseits derselben schräg verlaufend, mit 4 Zähnchen, drei äusseren grösseren und einem kleinern in der Mittelkerbe.

Das Seitenauge oval, ausser diesem, etwas nach oben gerückt, ein fast gleichgrosses, unter diesem zwei kleinere, dann eine dritte Reihe bildend vier kleine.

Die Rückenschilde wenig gewölbt, uneben, an den Hinterrandsecken der drei letzten Zwischenschilde kräftige Zahnfortsätze, deren Innenrand nicht aufgeworfen.

Die Schleppbeine mässig lang, zerstreut kurzborstig, das 3., 4. und 6. Glied gleichlang, das 5. kürzer, das 8. gerade

und wie die übrigen seitlich stark zusammengedrückt. Drei
gerade Stacheln (ein mittlerer langer und zwei seitliche kürzere)
am 3. und 4. Gliede, am 5. keine Stacheln. Das 4.—7. Glied
dicht grob eingestochen punktirt.
Die Hüftlöcher rund, 4, 4, 4, 4.
Die Zäpfchen am 2. Gliede der weiblichen Genitalien
lang und dünn; die Endkralle sehr lang und fein, zwei Seitenzähnchen unter der Spitze derselben.
Der Kopf dunkelbraun, ebenso die erste Hälfte der Fühler,
die andere Hälfte derselben bräunlichgelb, das Endglied rostgelb. Die Unterlippe, die Bauch- und Rückenschilde bräunlichgelb, auf letztern ein weisslicher schmaler Längsstrich in der
Mitte. Beine und Schleppbeine gelb.
Vorkommen: Umgebung von München. (Sammlung des
Herrn Grafen Keyserling.)

Lithobius fossor.

Zähne der Unterlippe: 8.
Zahl der Fühlerglieder: 49.
Zahl der Hüftlöcher: 5, 6, 5, 4 auch 4, 6, 4, 4.
Form der Hüftlöcher: rund.
Körperlänge: 5'''.
Augenstellung: Tab. I. 14.
Sehr glänzend, wenig gewölbt.
Kopf herzförmig, glatt, die Randeinfassung breit, die Fur-
chenlinie der Kopfspitze sehr fein, in der Mitte eingedrückt.
Die Fühler lang, mit 48 oder 49 nicht sehr dicht läng-
borstigen Gliedern, das zweite Glied lang, das Endglied nur
wenig verlängert.
Die Unterlippe stark gewölbt, zerstreut kurzborstig, der
Zahnrand breit mit schwacher Mittelkerbe, beiderseits derselben
schräg und gerade, mit vier gleichweit von einander entfernten
spitzen Zähnchen.
Die Augen in drei geraden Reihen, 3, 3, 1 oder 3, 3, 2;
das Seitenauge oval, sehr gross, die beiden hintern der obern
zwei Reihen grösser als die übrigen.

Die Rückenschilde wenig gewölbt, fast glatt, an den Hinterrandsecken der drei hintern Zwischenschilde spitze Zahnfortsätze, — der Innenrand des ersten aufgeworfen, an den übrigen aber nicht. Die Schleppbeine sehr lang, alle Glieder seitlich stark zusammengedrückt, nicht sehr dicht fein eingestochen punktirt. Alle Glieder fast gleichlang. Drei gerade Stacheln (ein langer mittlerer und zwei seitliche kürzere) am 3. und 4. Gliede, zwei seitliche am 5. Gliede. Die Hüftlöcher rund, entweder 5, 6, 5, 4 oder 4, 5, 4, 4.

Der Kopf bräunlich gelb, die Fühler etwas dunkler, deren letzte sieben Glieder rostgelb. Die Unterlippe und Lippentaster bräunlichgelb, die Fangkralle der letztern rothbraun. Die Rückenschilde rostgelb, die drei letzten dunkler. Die Beine hellgelb, die Endglieder an ihrer Grundhälfte grau, die letzte Hälfte hellgelb. Die Bauchschilde ebenfalls hellgelb.

Vorkommen: Auf Bergen an etwas trocknen Lagen sowohl im Keuper als Jura (Grütz bei Nürnberg und Ehrenbürg im Wiesenthale).

Lithobius piceus.

Zähne der Unterlippe: 8.
Zahl der Fühlerglieder: 56.
Zahl der Hüftlöcher: 5, 5, 5, 4.
Form der Hüftlöcher: rund.
Körperlänge: 7′′′.
Angenstellung: Tab. I. 15.

Oben wie unten sehr glänzend, wenig gewölbt.

Kopf herzförmig, glatt, gewölbt, weitschichtig sehr fein eingestochen punktirt, in den Seiten und an der Spitze mit langen geraden Borsten zerstreut besetzt; die Randeinfassung breit, die Furchenlinie der Kopfspitze deutlich, in der Mitte etwas eingedrückt.

Die Fühler nicht ganz halb so lang als der Körper, mit 56 Gliedern, das 2. und 3. Glied länger als dick, die übrigen Glieder kurz und dick, dichtborstig, das Endglied kegelförmig, etwas verlängert.

4

Unterlippe sehr gewölbt, weitschichtig kurzborstig, Zahnrand breit, die Mittelkerbe desselben nicht tief, der Zahnrand beiderseits gerade und mit 4 kräftigen Zähnen in gleicher Entfernung von einander.

Lippentaster fein eingestochen punktirt. Augen in drei etwas unregelmässigen Reihen, die der beiden obern Reihen je zu vier, gross, — in der letzten nur zwei kleinere. Das Seitenauge gross, eiförmig, stark hervorgewölbt.

Die Rückenschilde wenig gewölbt, fast ganz glatt, weitschichtig fein eingestochen punktirt, die drei letzten Zwischenschilde an den Hinterrandswinkeln mit starken spitzen Zahnfortsätzen, deren Innenrand nur wenig aufgeworfen. Die Bauchschilde von gewöhnlicher Form. Die Beine dünn, lang, die Schleppbeine sehr lang (3''') und dünn, das 3., 5. und 6. gleichlang, das 4. etwas kürzer; das 8. innen etwas ausgehöhlt, unten fast schneidig scharf, die übrigen Glieder ebenfalls seitlich stark zusammengedrückt, nicht sehr dicht fein eingestochen punktirt. Am Ende des 3. und 4. Gliedes unten drei sehr lange gerade Stacheln, von denen der mittlere der längste, am 6. nur die zwei seitlichen kürzeren Stacheln.

Hutlöcher rund, 5, 5, 5, 4.

Am Ende des 2. Gliedes der weiblichen Genitalien drei konische Zäpfchen, das äusserste das dickste und längste, die andern nach innen zu stufenweise schwächer und kürzer. Die Endkralle an der Spitze einfach in zwei Häkchen gespalten.

Der Kopf pechbraun, die Fühler ebenso, nur die letzten 8 Glieder rostgelb, Unterlippe und Lippentaster bräunlichgelb, letztere mit dunkelrothbraunen Zangengliedern, deren Spitze schwarz. Die Rückenschilde bräunlichgelb, die hintern mehr in's Rothbraune gefärbt. Alle Beine bräunlichgelb, die Spitzenhälfte der letzten Glieder rostgelb. Bauchschilde bräunlichgelb, die hintern mehr rostgelb.

Vorkommen: Bayerisches Hochgebirge (Garmisch). Aus der Sammlung des Herrn Grafen Keyserling in München.

Lithobius coriaceus.

Zähne der Unterlippe: 8.

Zahl der Fühlerglieder: 30—33.

Zahl der Haftlöcher: 2, 3, 3, 3 — beim Männchen auch
1, 1, 1, 2.

Form der Haftlöcher: rund.

Körperlänge: 4'''.

Augenstellung: Tab. I. 16.

Glänzend gewölbt.

Kopf herzförmig, gewölbt, uneben; die Randeinfassung
breit, die Fläche mit zerstreuten Borsten besetzt. Die Furchenlinie der Kopfspitze in der Mitte etwas eingedrückt.

Die Fühler halb so lang als der Körper, mit 30 Gliedern,
das 2. Glied etwas länger als dick, die übrigen kurz, das
Endglied gewöhnlich sehr lang, spürlich mit langen Borsten
besetzt.

Die Unterlippe breit, wenig gewölbt, der Zahnrand schmal
mit tiefer Mittelkerbe, beiderseits derselben etwas gebogen, mit
vier spitzen Zähnchen in gleicher Entfernung von einander.
Lippentaster mit langer, wenig gekrümmter Zange.

Augen in drei ziemlich geraden Reihen, alle fast gleich
gross, — 4, 3, 2, das Seitenauge grösser, nierenförmig.

Die Rückenschilde wenig gewölbt, runzelig uneben, besonders die vier letzten; die drei hintern Zwischenschilde an
den Hinterrandsecken mit kurzen, stumpfen Zahnfortsätzen,
deren Innenrand nicht aufgeworfen ist. Die Bauchschilde sehr
glänzend mit deutlicher Mittelfurche, in deren Mitte gewöhnlich
ein rundes eingedrücktes Grübchen. Die Schleppbeine sehr
lang, fast 2''', am Ende des 3. und 4. Gliedes unten ein langer
Mittelstachel und zwei seitliche kürzere, am Ende des 5. nur der
mittlere und äussere Stachel, — das 3., 4. und 6. Glied gleichlang, das 5. etwas länger als diese; das 3. Glied unten etwas
zusammengedrückt, die übrigen walzlich. Das 4. bis 7. Glied
nicht sehr dicht fein eingestochen punktirt, weitschichtig langborstig.

Haftlöcher rund, an der hintersten Hüfte 2, an den übrigen 3, — beim Männchen zuweilen auch 1, 1, 1, 2.

4 *

Am zweiten Gliede der weiblichen Genitalien nur ein
kurzes Zäpfchen. Die Endkralle sehr kurz und fein.
Zuweilen sind nur 3, 2, 1 oder 4, 8, 1 Augen vorhanden,
bei einzelnen Exemplaren steigt die Zahl der Fühlerglieder
auf 33.

Der Kopf braun mit heller Spitze und Randeinfassung,
die Fühler rothbraun, gegen die Spitze gelb. Unterlippe und
Lippentaster gelb, letztere mit rothbraunen Zangen. Rückenschilde röthlichbraun mit dunkler Einfassung und drei hellen
Längsstreifen auf dem zweiten bis drittletzten Hauptschilde.
Bauchschilde gelb. Die vordern fünf Glieder der Beine röthlichgelb, die beiden letzten gelb; ebenso auch die Schleppbeine
gefärbt.

Vorkommen: In Gärten und Wäldern. Nicht selten in
den verschiedenen Formationen, Keupersand, Keupermergel
und Jura.

3. Vier Zähne an der Unterlippe.

† *Augen in Reihen geordnet.*

Lithobius agilis. *F. Koch.*

Zähne der Unterlippe: 4.
Zahl der Fühlerglieder: 31.
Zahl der Hüftlöcher: 3, 4, 4, 4, seltner 3, 4, 4, 5.
Form der Hüftlöcher: rund.
Körperlänge: 4½ — 5′″.
Augenstellung: Tab. I. 17.

Forstr. *Koch*, System der Myr. B. 149.

Sehr glänzend, wenig gewölbt.

Der Kopf so lang als breit, etwas uneben, mit einzelnen
langen, geraden Borsten, — sehr fein eingestochen punktirt;
die Furchenlinie der Kopfspitze sehr fein.

Die Fühler sehr kurz mit 31 kurz borstig behaarten
Gliedern.

Der Zahnrand der Unterlippe mit tiefer Kerbe, beiderseits

derselben gerundet mit je zwei Zähnchen. Die Lippentaster sehr glänzend.

Bei der Mehrzahl der untersuchten Exemplare sind die Augen in drei Reihen vertheilt; das Seitenauge der mittleren Reihe gegenüber. Die erste Reihe besitzt meist vier Augen, wovon das hinterste das grösste, die übrigen kleiner; die zweite Reihe meist mit drei, die unterste mit zwei Augen, (zuweilen ist auch nur Eines vorhanden).

Die Rückenschilde fein eingestochen punktirt, die drei hintern Zwischenschilde an den Hinterrandswinkeln mit stumpfen Zahnfortsätzen, deren Innenrand gerundet ist. Mit Ausnahme des glatten ersten sind alle übrigen Hauptschilde lederartig runzelig. Neben zahlreichen kleinen Querrunzeln sind fast regelmässig vier Längsrunzeln deutlich zu erkennen, welche von der Mitte des Vorderrandes abgehen und strahlig auseinanderweichen, — die zwei äussern derselben sind länger als die innern.

Das 3., 4. und 6 Glied der Schleppbeine gleichlang, das 3. und 4. walzlich, das 5. und 6. unten etwas zusammengedrückt. Das 4. bis 7. Glied unten weitschichtig fein eingestochen punktirt. Am Ende des 3. Gliedes unten drei gerade Stacheln (ein mittlerer langer und zwei seitliche kürzere), am 4. nur zwei Stacheln, (es fehlt der innere kürzer), am 5. kein Stachel. An den Schleppbeinen vereinzelte lange Borsten. Die Hüftöffnungen rund, am letzten Beinpaar meist drei, an den übrigen vier, seltner fünf.

Die zwei Zäpfchen am 2. Gliede der weiblichen Genitalien sehr lang und dünn; die Endkralle schwach gekrümmt, lang und dünn, am Ende tief in drei Häckchen gespalten, wovon das mittlere das längste.

Der Kopf und der erste Rückenschild dunkelbraun, letzterer mit hellen Fleckchen gemischt; die Fühler dunkelbraun, die letzten 6—8 Glieder röthlichgelb. Die übrigen Rückenschilde braun, bei helleren Exemplaren in der Mitte ein gelbes Längsstrichchen. Die Unterlippe und Bauchschilde hellbraun, ebenso die Beine, deren Endglieder jedoch rostgelb. Die letzten beiden Beinpaare schwarzbraun mit rostgelbem Endgliede.

Das Männchen, welches man ungleich häufiger findet

unterscheidet sich vom Weibchen nur durch die Genitalien. Abarten finden sich nur bezüglich der Grösse, sowie der helleren oder dunkleren Färbung.

Bisher fand ich diese Art nur in fauler Erlenerde am Fusse des Schmausenbucks bei Nürnberg, hier aber häufig.

In der Beschreibung von F. Koch sind 32 Fühlerglieder angegeben, auch bemerkt derselbe, dass die Runzeln der Rückenschilde ohne bestimmte Ordnung sind; — es kann jedoch kein Zweifel sein, dass unsere Art dennoch hierher gehört, die Anordnung der Runzeln wird erst bei genauer Untersuchung bemerkbar, und ein Fühlerglied mehr oder weniger ist bei den Lithobien ohne alle Bedeutung.

Lithobius dentatus. *F. Koch.*

Zähne der Unterlippe: 4.

Zahl der Fühlerglieder: 41—49.

Zahl der Hüftlöcher: beim Weibchen meist 5, 5, 5, 4 oder 6, 6, 6, 5, bei den Männchen 3, 3, 3, 3 — 5, 5, 4, 3 auch 2, 2, 2, 3.

Form der Hüftlöcher: rund.

Körperlänge: Männchen: 4—5¼'", Weibchen: 6¼—7'".

Augenstellung: Tab. I. 18.

Forstr. *Koch,* Syst. d. Myr. 3. 148.

Breit, gewölbt, glänzend.

Der Kopf rundlich, gewölbt, wenig uneben, sehr fein eingestochen punktirt, spärlich mit Borsten besetzt, die Randeinfassung schmal, die Furchenlinie der Kopfspitze fein, in der Mitte nicht eingedrückt.

Die Fühler etwas langborstig mit 41—49 Gliedern, meist 47 oder 48, das Endglied verlängert.

Die Unterlippe breit, ohne eingestochene Punkte, der Zahnrand mit tiefer Mittelkerbe, beiderseits derselben zwei Zähnchen.

Die Augen an Zahl sehr variirend, in 3—5 schrägen, wenig gebogenen Reihen, meistens 3, 3, 2, seltner 3, 3, 3, 2 oder 4, 4, 3, 3, 1.

Die Rückenschilde gewölbt, etwas uneben, glänzend, die drei hintern Zwischenschilde an den Hinterecken mit spitzen Zahnfortsätzen, deren Innenrand nicht aufgeworfen.

Die Schleppbeine kurz, das 3. Glied derselben unten seitlich zusammengedrückt, innen ausgehöhlt; die übrigen Glieder ebenfalls seitlich zusammengedrückt und fein eingestochen punktirt, das 3., 5. und 6. fast gleichlang, das 4. wenig kürzer. Am Ende des 3. und 4. Gliedes unten drei Stacheln, (ein mittlerer langer und zwei seitliche kurze); am 5. nur zwei, indem der innere kürzere fehlt. Die Hüftlöcher rund, bei den Weibchen meist 5, 5, 5, 4 oder 6, 6, 6, 5, bei den Männchen 3, 3, 3, 3 oder 5, 5, 4, 3, auch 2, 2, 2, 3.

Die zwei Zäpfchen am 2. Gliede der weiblichen Genitalien kurz und stumpf, die Endkralle unter der Spitze mit zwei Seitenhäckchen.

Die Männchen weit kleiner und schwächer; die Schleppbeine mehr walzlich, als beim Weibchen.

Der Kopf dunkelrothbraun, stellenweise schwarzbraun verdunkelt, die Rückenschilde bräunlichgelb, mit schwarzbraunem Keilfleck in der Mitte, seitlich von diesem mehrere schwarzbraune Striche; die Seitenränder dunkelbraun. Die Fühler röthlichbraun, die letzten Glieder heller, die Unterlippe und Lippentaster bräunlichgelb, letztere mit rothbraunen Zangen, deren Spitze verdunkelt aber nicht, schwarz gefärbt ist. Die Bauchschilde und Beine röthlichgelb, am Ende des 5. und 6. Beingliedes ein breiter, schwärzlicher Ring, welcher an den vordern Beinen schwächer ist, als an den hintern. Die Männchen meist etwas heller gefärbt.

Vorkommen: Diese Art liebt besonders feuchte Moorerde, kommt jedoch auch an trocknen Lagen (sonnige Abhänge der Juraformation) vor. Keine Seltenheit.

Lithobius velox.

Zähne der Unterlippe: 4.

Zahl der Fühlerglieder: 37.

Zahl der Hüftlöcher: 3, 4, 4, 3, — 3, 4, 3, 3, — 4, 5, 4, 3.

Form der Hüftlöcher: rund.

Körperlänge: $4\frac{1}{2}-5\frac{1}{2}'''$.

Augenstellung: Tab. I. 19.

Glänzend, wenig gewölbt.

Der Kopf so lang als breit, fast glatt, weitschichtig fein eingestochen punktirt, Randeinfassung breit, Furchenlinie der Kopfspitze sehr fein, in der Mitte etwas eingedrückt.

Die Unterlippe lang, sehr glänzend, wenig gewölbt, der Zahnrand schmal, die Mittelkerbe tief, beiderseits derselben zwei spitze Zähnchen.

Die Fühler nicht so lang als die Körperhälfte, dicht kurzborstig, mit 37 Gliedern.

Die Augen in drei fast geraden Reihen, 4, 4, 2.

Die Rückenschilde weitschichtig fein eingestochen punktirt, fast glatt, die drei hintern Zwischenschilde mit kurzen stumpfen Zahnfortsätzen, deren Innenrand etwas aufgeworfen.

Das vorletzte und letzte Beinpaar dickgliederig, von den Schleppbeinen das 3., 4. und 5. Glied gleichlang, das 6. nur wenig kürzer. Am 4. Gliede unten drei Stacheln, wovon der mittlere der längste, die seitlichen kürzer; am 4. nur der mittlere und äussere, am 5. gar keine Stacheln. Das 3. Glied innen ausgehöhlt, unten zusammengedrückt, am Ende verdickt; die übrigen Glieder walzlich, weitschichtig fein eingestochen punktirt.

Die Hüftlöcher rund, beim Männchen 3, 4, 3, 3 oder 3, 4, 4, 3, beim Weibchen 4, 5, 4, 3.

Die Zäpfchen am 2. Gliede der weiblichen Genitalien kurz, aus breiter Basis in eine kurze Spitze endend; die Endkralle mit zwei Seitenzähnchen.

Die Rückenschilde bräunlichgelb, die letzten mehr röthlich, in der Mitte der Hauptschilde ein ziemlich breiter Längsstrich, der aber auf dem ersten und letzten fehlt, gelblich. Der Kopf rothbraun, die Fühler, Unterlippe, Bauchschilde und Lippentaster bräunlichgelb, die Zangenspitzen der letztern röthlich; die Beine bräunlichgelb, die beiden letzten etwas dunkler.

Vorkommen: Landstuhl in der Rheinpfalz (bunter Sandstein), Franken (Keupermergel), Umgebung von Wien.

Lithobius bucculentus.

Zähne der Unterlippe: 4.
Zahl der Fühlerglieder: 41.
Zahl der Hüftlöcher: 4, 5, 5, 4.
Form der Hüftlöcher: rund.
Körperlänge: 6'''.
Augenstellung: Tab. I. 20.
Glänzend, flach.

Kopf rundlich, oben flach, uneben, ohne eingestochene Punkte, die Randeinfassung breit, die Furchenlinie der Kopfspitze sehr fein, in der Mitte nicht eingedrückt.

Die Fühler etwas länger als die Körperhälfte, ziemlich langgliederig, mit 41 kurzbehaarten Gliedern.

Die Unterlippe flach, ohne eingestochene Punkte, so lang als breit, zerstreut mit kurzen Börstchen besetzt, Vorderrand mit tiefer Mittelkerbe, beiderseits derselben gebogen, mit je zwei kurzen Zähnchen nahe an der Mittelkerbe.

Das erste Glied der Lippentaster stark aufgetrieben, weitschichtig eingestochen punktirt.

Die Augen in vier fast geraden Reihen 5, 4, 4, 2, Seitenenge gross, nierenförmig.

Die Rückenschilde flach, runzelig uneben, an den Hinterrandswinkeln der drei hintern Zwischenschilde kurze, sehr spitze Zahnfortsätze, deren Innenrand nicht aufgeworfen.

Die Schleppbeine lang, 3¼''', das 3. und 6. Glied von gleicher Länge, ebenso das 4. und 5., diese jedoch etwas länger. Das 3. keulig, die übrigen walzlich. Das 4.—7. Glied dicht fein eingestochen punktirt, drei gerade Stacheln (ein langer mittlerer und zwei seitliche kürzere) am 3. und 4. Gliede, am 5. kein Stachel. — Die Hüftlöcher rund, 4, 5, 5, 4.

Der Kopf rostgelb, hinten und in den Seiten verdunkelt;

die Fühler rostgelb, die letzte Hälfte bräunlich, die Unterlippe schmutzig gelb, ebenso die Lippentaster, die Faugkrallen mit schwarzbraunen Spitzen. Die Rückenschilde schmutzig gelb, ein breites Mittelband sowie die Seitenränder bräunlich. Die fünf vordern Glieder der Beine hellgelb, das 6. und 7. rostgelb. Die Schleppbeine, mit Ausnahme des rostgelben Endgliedes, bräunlich. Die Bauchschilde hellgelb, die beiden letzten bräunlich.

Vorkommen: Umgegend von München. (Sammlung des Herrn Grafen Keyserling.)

⋅ ————

Lithobius melanocephalus. *F. Koch.*

Zähne der Unterlippe: 4.
Zahl der Fühlerglieder: 36.
Zahl der Hüftlöcher: 4, 6, 6, 5 (Männchen), 5, 5, 5, 4 (Weibchen).
Form der Hüftlöcher: rund.
Körperlänge: 6¼″ (Männchen), 6‴ (Weibchen).
Augenstellung: Tab. L 21.

Forstr. *Koch* in dem Manuscripte seines Myriapodenwerkes.

Gewölbt, glänzend.

Der Kopf fast herzförmig, gewölbt, etwas uneben, die ganze Fläche fein eingestochen punktirt, die Randeinfassung breit; die Furchenlinie der Kopfspitze sehr fein, in der Mitte nicht eingedrückt.

Die Fühler dicht kurzborstig mit 36 Gliedern.

Die Unterlippe gewölbt, weitschichtig eingestochen punktirt, doch nicht so fein als die Kopffläche, der Vorderrand breit mit tiefer Mittelkerbe, beiderseits derselben bogig und mit zwei ziemlich grossen spitzen Zähnchen.

Die Lippentaster, wie die Unterlippe eingestochen punktirt.

Die Augen in vier geraden Reihen, 4, 5, 3, 2 (Männchen) oder 4, 4, 3, 1 (Weibchen).

Die Rückenschilde gewölbt, fast glatt, durchaus weitschichtig sehr fein eingestochen punktirt, die drei hintern Zwischenschilde mit kurzen, stumpfen Zahnfortsätzen, deren Innenrand breit aufgeworfen.

Die Schleppbeine lang ($3\frac{1}{4}'''$), das 4., 5. und 6. gleichlang, das 3. kürzer; das 3. seitlich stark zusammengedrückt, gegen das Ende verdickt, die übrigen ebenfalls seitlich zusammengedrückt, und nicht sehr dicht fein eingestochen punktirt. Das 4. unten mit einer Längsfurche. Am Ende des 3. und 4. Gliedes unten drei gerade Stacheln (ein mittlerer langer und zwei seitliche kürzere), am 5. unten kein Stachel. Die Hüftlöcher rund, beim Männchen 4, 6, 6, 5, beim Weibchen 5, 5, 5, 4.

Das Weibchen kleiner als das Männchen, am Ende des zweiten Genitaliengliedes zwei breite an ihrer Spitze abgerundete Zäpfchen, die Endkralle stumpf mit zwei stumpfen Seitenzähnchen.

Der Kopf rostgelb, in der Mitte des Hinterkopfs ein schwärzlicher Flecken, ein gleicher um die Augen. Die Fühler bräunlichgelb, im letzten Dritttheil verdunkelt, die letzten drei bis 4 Glieder aber rostgelb. Die Unterlippe und Lippentaster rostgelb, die Zangen der letztern dunkelbraun. Die Rückenschilde bräunlichgelb, — in der Mitte derselben ein breites, seitlich verwaschenes dunkelbraunes Band, — auch die Seitenränder dunkelbraun gesäumt. Die Bauchschilde bräunlichgelb, in der Mitte eines jeden Schildes ein breiter heller Flecken; die letzten Schilde mehr röthlich. Die Beine hellgelb, die 4., 5. und 6. Glieder der drei letzten Beinpaare an ihrer äussern Seite bräunlich verdunkelt.

Vorkommen: Auf der Ehrenbürg im fränkischen Jura.

_____

Lithobius venator.

Zähne der Unterlippe: 4.
Zahl der Fühlerglieder: 38.
Zahl der Hüftlöcher: 4, 5, 5, 4.
Form der Hüftlöcher: rund.
Körperlänge: 6'''.
Augenstellung: Tab. II. 22.
Glänzend, wenig gewölbt.

Kopf herzförmig, oben flach, uneben, weitschichtig sehr fein eingestochen punktirt, an der Kopfspitze etwas gröber; die Randeinfassung breit; die Furchenlinie der Kopfspitze sehr fein, in der Mitte nicht eingedrückt. Die Augen in drei geraden Reihen, 4, 4, 3, die der obersten Reihe gross, das Seitenauge eiförmig, sehr gross. Die Fühler kurz mit 38 Gliedern, das Endglied kurz. Die Unterlippe gewölbt, ohne eingestochene Punkte, zerstreut kurzborstig, der Zahnrand schmal, tief eingekerbt, beiderseits bogig mit zwei entfernt stehenden kurzen Zähnchen. Die Lippentaster weitschichtig fein eingestochen punktirt. Rückenschilde wenig gewölbt, fast glatt, sehr fein eingestochen punktirt, die drei hintern Zwischenschilde an den Hinterrandsecken mit kurzen Zahnfortsätzen, deren Lunenrand aufgeworfen. Von den Schleppbeinen das 3., 4. und 6. Glied gleichlang, das 5. etwas länger, das 3. innen ausgehöhlt, unten etwas zusammengedrückt, die übrigen fast walzlich, — alle Glieder mit kurzen feinen Borsten; das 4. — 7. weitschichtig grob eingestochen punktirt. Drei gerade Stacheln am 3. Gliede (ein mittlerer langer und zwei seitliche kürzere), zwei am 4. (der innere kürzere fehlt), keiner am 5. Hüftlöcher rund, 4, 5, 5, 4. Die Zäpfchen am 2. Gliede der weiblichen Genitalien aus sehr breiter Basis zugespitzt, die Endkralle an der Spitze tief gespalten, ausserdem noch ein kurzes Seitenzähnchen. Der Kopf rostgelb, gegen die Spitze dunkler, die zwei ersten Fühlerglieder dunkelbraun, die fünf folgenden schmutzig gelb, die übrigen wieder dunkelbraun, das Endglied rostgelb. Die Bauchschilde, Unterlippe und Lippentaster rostgelb, die Fangkralle der letzten dunkelrothbraun. Die Rückenschilde bräunlichgelb, in der Mitte ein Pfeilfleck dunkelbraun, dieser hat in der Mitte einen weisslichen Längsstrich. Die Hüften und drei ersten Glieder der Beine, sowie die beiden letzten rostgelb, die dazwischen liegenden bräunlichgelb. Von den beiden letzten Beinpaaren nur das 3. und letzte rostgelb, die mittleren bräunlichgelb.

Vorkommen: Fränkischer Jura (Ehrenbürg im Wiesenthale).

Lithobius minimus.

Zähne der Unterlippe: 4.

Zahl der Fühlerglieder: 22.

Zahl der Hüftlöcher: 1, 1, 1, 1.

Form der Hüftlöcher: rund.

Körperlänge: 2¼'''.

Augenstellung: Tab. II. 23.

Glänzend, gewölbt.

Kopf herzförmig, oben flach, in den Seiten hervorgewölbt, glatt, die ganze Fläche mit zerstreuten langen geraden Borsten besetzt. Randeinfassung breit, Furchenlinie der Kopfspitze sehr fein, in der Mitte eingedrückt.

Fühler sehr kurz, mit 22 Gliedern. Das Endglied lang, die übrigen, mit Ausnahme des zweiten dicker als lang, nicht sehr dicht behaart.

Unterlippe wenig gewölbt. Der Zahnrand bogig, schmal, mit tiefer Mittelkerbe, beiderseits zwei breite kurze Zähnchen. Lippentaster kräftig entwickelt im Verhältniss zur Grösse des Thierchens.

Das Seitenauge gross, nierenförmig, diesem sehr nahe, etwas mehr nach oben gerückt, ein gleich grosses rundes, vor diesem und mit ihm die Ecken eines Dreiecks bildend, zwei sehr kleine.

Die Rückenschilde gewölbt, mit starken Längsrunzeln, an den drei hintern Zwischenschilden sehr kurze, stumpfe Zahnfortsätze, deren Innenrand nicht aufgeworfen. Die Schleppbeine kurz, alle Glieder mit Ausnahme der Hüftglieder und des letzten gleichlang, das 3. gegen das Ende verdickt, unten nur wenig zusammengedrückt, das 4. kurz, walzlich, sehr dick; das 5., 6. und 7. stufenweise dünner. Die Glieder nicht eingestochen punktirt, mit vereinzelten dicken Borsten; am Ende des 3. und 4. Gliedes unten nur ein Stachel. Hüftlöcher rund, 1, 1, 1, 1.

Kopf dunkelbraun, die ersten zwei Drittheile der Fühler schwarz, das letzte hellgelb; Unterlippe und Lippentaster dunkelbräunlichgelb, die Fangkralle der letztern rothbraun. Die

Rückenschilde bräunlichgelb, die letzten dunkler gefärbt. Bauchschilde gelb, ebenso die Beine.
Vorkommen: In fauler Erlenerde. Scheint sehr selten
zu sein.

Lithobius immutabilis.

Zähne der Unterlippe: 4.
Zahl der Fühlerglieder: 29—31.
Zahl der Haftlöcher: 1, 1, 1, 2.
Form der Haftlöcher: rund.
Körperlänge: 3½'''.
Augenstellung: Tab. II. 24.
Ziemlich breit, wenig gewölbt, glänzend.

Der Kopf etwas länger als breit, glatt, sehr weitschichtig fein eingestochen punktirt, die Randeinfassung breit,
die Furchenlinie der Kopfspitze sehr fein, in der Mitte nicht
eingedrückt.

Die Fühler etwas langgliederig, dicht langborstig, 29—31
Glieder, das Endglied sehr lang.

Die Unterlippe gewölbt, nach vorne lappig verschmälert,
nicht eingestochen punktirt, der Zahnrand mit tiefer Mittelkerbe,
beiderseits zwei entfernt stehende spitze Zähnchen.

Die Lippentaster nicht eingestochen punktirt.

Das Seitenauge rund, etwas entfernt von demselben nach
vorn und etwas höher stehend ein gleich grosses, abwärts von
diesem und vor ihm drei kleinere. Diese Augenstellung ist
sehr beständig, wie überhaupt alle Charaktere dieser Art.

Die Rückenschilde wenig gewölbt, stark gerunzelt, besonders in den Seiten; die drei hintern Zwischenschilde mit kurzen,
stumpfen Zahnfortsätzen, deren Innenrand nicht aufgeworfen.

Die Schleppbeine kurz, die Glieder ziemlich gleichlang,
das 4.—7. Glied sehr zerstreut eingestochen punktirt und mit
vereinzelten Stachelborsten besetzt, am Ende des 3., 4. und
5. Gliedes unten je ein kräftiger Stachel. Das 3. Glied unten
seitlich zusammengedrückt, innen kaum bemerkbar ausgehöhlt,
gegen das Ende keulig verdickt, die übrigen fast walzlich,
seitlich nur sehr unbedeutend zusammengedrückt. Die Haftlöcher constant 1, 1, 1, 2, rund.

Der Kopf bräunlichgelb, die Vorderhälfte und die Mittellinie verdunkelt, die Fühler im ersten Dritttheil dunkelbraun,
dann rostgelb. Die Unterlippe, Bauchschilde und Lippentaster
unrein hellgelb, letztere mit rothbraunen Zangen. Die Rückenschilde bräunlichgelb, der letzte dunkelbraun; die Seitenränder
ebenfalls dunkelbraun, von derselben Farbe auf dem 2.—6. ein
Pfeilfleck in der Mittellinie.

Die Hüftglieder der Beine unrein hellgelb, die übrigen
Glieder, mit Ausnahme des rostgelben Endgliedes, bräunlich —
ebenso gefärbt auch die Schleppbeine.

Vorkommen: In der Holzerde fauler Erlenstöcke.

Lithobius macilentus.

Zähne der Unterlippe: 4.

Zahl der Fühlerglieder: 24—37.

Zahl der Hüftlöcher: 3, 3, 3, 3 beim Weibchen, 1, 1, 1, 1
oder 2, 2, 2, 2 beim Männchen.

Form der Hüftlöcher: rund.

Körperlänge: Männchen 3¼''', Weibchen 4¼'''.

Augenstellung: Tab. II. 25.

Körper schmal, gewölbt, glänzend.

Der Kopf gewölbt, etwas länger als breit, mit zerstreuten
langen Borsten, nicht eingestochen punktirt, die Furchenlinie
der Kopfspitze sehr fein, in der Mitte nicht eingedrückt.
Die Fühler langborstig mit 24 — 37 Gliedern, das Endglied meist sehr lang. — Unterlippe lang, glatt, ohne eingestochene Punkte, zerstreut kurzborstig, der Zahnrand schmal,
in der Mitte tief eingekerbt, beiderseits zwei entfernt stehende
Zähnchen. Lippentaster ohne eingestochene Punkte.

Das Seitenauge gross, rund; die übrigen kleiner, aber
meist gleichgross, in eine Quincunx gestellt, nämlich um ein
mittleres vier äussere in einem verschobenen Viereck. Zuweilen
ist vorn noch ein kleines Auge ausserhalb der Quincunx;
manchmal fehlen aber auch ein oder zwei Augen derselben.

Die Rückenschilde gewölbt, etwas runzelig. An den Hinterecken der drei letzten Zwischenschilde kurze, an der Spitze zugerundete Zahnfortsätze, deren Innenrand etwas aufgeworfen ist. Die Bauchschilde sehr glänzend. Von den zwei Zäpfchen am 2. Gliede der weiblichen Genitalien das innere viel dünner, die Endkralle kurz mit zwei Seitenzähnchen. Zuweilen ist nur ein Zäpfchen am 2. Gliede vorhanden. Die Schleppbeine kurz, das 3.—6. Glied fast gleichlang, sehr weitschichtig fein eingestochen punktirt, das 3. innen ausgehöhlt, unten fast schneidig scharf, die andern mehr wulstlich, seitlich nur wenig zusammengedrückt. Am Ende des 3. Gliedes unten drei Stacheln (ein langer mittlerer und zwei seitliche kürzere) am 4. nur ein, am 5. kein Stachel. Die Hüftlöcher rund, beim Weibchen am Endpaare drei, an den andern drei oder vier.

Die Männchen unterscheiden sich von den Weibchen durch geringere Zahl der Fühlerglieder (24—31) und haben weniger Hüftlöcher, 1, 1, 1, 1 oder 2, 2, 2, 2.

Das Thierchen oben röthlichgelb, nur der Kopf und erste Rückenschild rothbraun, vom zweiten Hauptschilde anfangend auf den übrigen ein feiner weisslicher Längsstrich in der Mitte. Die Fühler bräunlichgelb mit gelber Spitze. Die Unterlippe und Lippentaster bräunlichgelb mit rothbrauner Endkralle. Die Beine röthlichgelb mit hellgelben Endgliedern. Die Bauchschilde bräunlichgelb, die letzten etwas dunkler gefärbt.

Vorkommen: Häufig in fauler Erlenerde, aber auch an trocknen Plätzen. (Nürnberg, Fränkischer Jura, Botzen.)

II. Abtheilung. Arten ohne Zahnfortsätze an den Rückenschilden.

I. Unterabtheilung. Die Hüftlöcher oval.

A. Acht Zähne an der Unterlippe.

Lithobius inermis.

Zähne der Unterlippe: 8.
Zahl der Fühlerglieder: 46.
Zahl der Hüftlöcher: 5, 5, 5, 4.
Form der Hüftlöcher: oval.
Körperlänge: 11 '''.
Augenstellung: Tab. II. 26.

Dr. Koch in Rosenhauer „die Thiere Andalusiens", pag 415.

Der Kopf und der erste Hauptschild, sowie die Unterseite des Körpers sehr glänzend, die übrige Rückenfläche mit mattem Glanze, wenig gewölbt.

Die Kopffläche in der Mitte eingedrückt, die Seiten hervorgewölbt, weitschichtig grob eingestochen punktirt, — der Hinterrand gerade, die Randeinfassung schmal; die Furchenlinie der Kopfspitze deutlich, in der Mitte nicht eingedrückt.

Das Seitenauge rund, nicht sehr gross, — die übrigen Augen fast von gleicher Grösse in 4 geraden Reihen, 3, 3, 3, 2, die Fühler dicht kurzborstig mit 46 Gliedern. Die Unterlippe mit sehr tiefer Mittelfurche, zu beiden Seiten derselben hoch gewölbt, weitschichtig grob eingestochen punktirt, der Zahnrand etwas gerundet, mit tiefer Mittelkerbe, beiderseits vier stumpfe kurze Zähne.

5

Das 1. Glied der Lippentaster aufgetrieben, weitschichtig eingestochen punktirt, jedoch feiner als die Unterlippe.

Die Rückenschilde flach, höckerig uneben.

Die Schleppbeine lang, das 3. und 4., dann das 5. und 6. Glied gleichlang, beide letztere etwas länger als die ersteren, das 3. Glied unten mit tiefer Längsfurche, innen ausgehöhlt, gegen das Ende verdickt, das 4. oben mit einer schwachen Längsfurche, die übrigen Glieder seitlich stark zusammengedrückt, an der Innenseite des 6. — 7. Gliedes eine breite und tiefe Längsfurche. Das 4. bis 7. Glied dicht fein eingestochen punktirt. Am Ende des 8. Gliedes unten drei kräftige Stacheln (ein langer mittlerer und zwei seitliche kürzere) — am 4. zwei (hier fehlt der innere kurze), — am 5. nur ein äusserer Stachel.

Die Hüftlöcher oval, 5, 5, 5, 4.

Die zwei Zäpfchen am 2. Gliede der weiblichen Genitalien sehr lang, etwas nach aufwärts gebogen; die Endkralle einfach, ohne Seitenzähnchen.

Das ganze Thier einfarbig bräunlichroth; der Kopf und die Fühler dunkler; auf ersterem hinter der Furchenlinie zwei schräg verlaufende kurze schwarze Striche, die Fangkrallen der Fresszangen dunkelrothbraun.

Vorkommen: Spanien (Malaga). Sammlung des Herrn Professor Dr. Rosenhauer in Erlangen.

B. Vier Zähne an der Unterlippe.

Lithobius alpinus.

Zähne der Unterlippe: 4.
Zahl der Fühlerglieder: 30.
Zahl der Hüftlöcher: 5, 6, 6, 5.
Form der Hüftlöcher: oval.
Körperlänge: 7'''.
Augenstellung: Tab. II. 27.

Sehr glänzend, gewölbt.

Der Kopf herzförmig, gewölbt, glatt, zerstreut fein eingestochen punktirt, die Randeinfassung breit, — die Furchenlinie

der Kopfspitze sehr fein, in der Mitte nicht eingedrückt.

Die Fühler lang, dicht kurzborstig, mit 80 Gliedern, das
Endglied nur wenig verlängert.

Die Augen in drei wenig gebogenen Reihen, 4, 4, 3, das
Seitenauge nicht sehr gross, oval.

Die Unterlippe stark gewölbt, der Zahnrand breit, bogig,
zu beiden Seiten der Mittelkerbe zwei entfernt stehende sehr
kräftige Zähne.

Die Rückenschilde gewölbt, glatt.

Die Beine lang, die Schleppbeine fehlen. Die Hüftlöcher
oval, 5, 6, 6, 5.

Das 2. Glied der weiblichen Genitalien mit zwei kurzen
dicken Zäpfchen, die Endkralle gross mit zwei kurzen Seitenzähnchen unter der Spitze.

Das ganze Thier rothbraun, nur die Kopfspitze, die Fühler
und Beine heller.

Vorkommen: Seiseralpe im südlichen Tirol. Durch Herrn
Prof. P. Gredler erhalten.

Lithobius granulatus.

Zähne der Unterlippe: 4.
Zahl der Fühlerglieder: ?
Zahl der Hüftlöcher: 6, 7, 8, 7.
Form der Hüftlöcher: oval.
Körperlänge: 10′′′.
Augenstellung: Tab. II. 28.

Die Beschreibung dieses Thierchens ist nach einem sehr
unvollständigen Exemplare verfasst, indem alle Beine fehlen
und die Fühler unvollständig sind, doch lässt sich nicht daran
zweifeln, dass es eine selbstständige Art repräsentirt.

Glänzend, gewölbt.

Der Kopf länglich herzförmig, weitschichtig fein eingestochen punktirt, oben flach, in den Seiten gewölbt, glatt, die
Randeinfassung schmal; die Furchenlinie der Kopfspitze fein,
in der Mitte nicht eingedrückt.

5 *

Die Fühler langgliederig (die Glieder länger als bei irgend einer der mir bekannten Arten), die Behaarung abgerieben (doch dass eine solche vorhanden, noch an Spuren zu erkennen), die Endglieder fehlen.

Die Augen in vier geraden, dicht aneinander liegenden Reihen, das Seitenauge gross, die Augen der beiden obern Reihen grösser als die der untern. — Ordnung: 5, 4, 3, 2.

Unterlippe gewölbt, der Zahnrand bogig, mit tiefer Mittelkerbe, beiderseits mit zwei kräftigen Zähnen. Die Lippentaster und die Unterlippe deutlich zerstreut eingestochen punktirt.

Die Rückenschilde gewölbt, die letzten fünf Hauptschilde körnig rauh.

Die Bauchschilde mit einem deutlichen Grübchen in der Mitte.

Die Hüftlöcher oval, 5, 7, 8, 7.

Gleichfarbig dunkelrothbraun, die Unterseite etwas heller. Vaterland unbekannt.

II. Unterabtheilung. Die Hüftlöcher rund.

A. Die Schleppbeine beim Männchen mit einem Auswuchs.

Lithobius curtipes. *F. Koch.*

Zähne der Unterlippe: 4.
Zahl der Füblerglieder: ständig 20.
Zahl der Hüftlöcher: ständig 3, 4, 4, 3.
Form der Hüftlöcher: rund.
Körperlänge: $3\frac{1}{2}$—4'''.
Augenstellung: Tab. II. 23.

Forstr. *Koch*, Syst. d. Myr. S. 150.

Sehr glänzend, gewölbt.

Der Kopf rundlich, fast glatt, zerstreut fein eingestochen punktirt; die Randeinfassung breit, die Furchenlinie der Kopfspitze deutlich, in der Mitte eingedrückt.

Die Fühler kurz, fast pfriemenförmig, dichtborstig, ständig mit 20 Gliedern, das Endglied verlängert. Neben dem Seitenauge ein fast gleich grosses, vor diesem fünf oder vier im Kreise, in dessen Centrum wieder eines; ähnlich der Augenstellung von L. calcaratus. Zuweilen ist ein Auge aus seiner gewöhnlichen Stellung hinausgeschoben.

Die Unterlippe gewölbt, verlängert, der Zahnrand schmal mit zwei breiten Zähnen beiderseits der tiefen Mittelkerbe; — beide Zähne nehmen die ganze Breite des Zahnrandes ein. Die Rückenschilde gewölbt, fast glatt. Die Schleppbeine sehr kurz, dick- und kurzliederig, das 4., 5. und 6. Glied gleichlang, das 3. kürzer; letzteres innen stark ausgehöhlt, die übrigen walzlich, stufenweise dünner, zerstreut kurzborstig und weitschichtig eingestochen punktirt. Am Ende des 3. Gliedes unten drei Stacheln (ein mittlerer langer und zwei seitliche kürzere), am 4. zwei (der innere kürzere fehlt), am 5. kein Stachel. Die Hüftlöcher rund, ständig 3, 4, 4, 3. Die Zäpfchen am 2. Gliede der weiblichen Genitalien kurz und dünn, die Endkralle sehr kurz, fast ganz in Borsten versteckt, mit starkgekrümmter zweitheiliger Spitze. Das Männchen besitzt noch dickere Schleppbeine als das Weibchen; am Ende des 4. Gliedes derselben hat es an der Innenseite einen kurzen kegelförmigen Fortsatz.

Der Kopf röthlichbraun, die Kopfspitze heller; die erste Hälfte der Fühler rostgelb, die letzte röthlichbraun. Die Unterlippe und Lippentaster rostgelb, die Krallen der letztern rothbraun. Die Rückenschilde rostgelb, auf dem hintern in der Mitte ein dunklerer Längsstrich; die Bauchschilde gelb, die letzten bräunlichgelb. Die Beine rostgelb, die Schleppbeine an der Aussenseite bräunlich.

Vorkommen: Diese Art liebt besonders Moorboden, — und ist oft in ganz nassem Sphagnum zu finden. (Nürnberg, Moosgegenden um München.)

F. Koch kannte nur das Weibchen dieser Art. In einer weitläufigeren Beschreibung bemerkt derselbe, dass am Vorderrande der Unterlippe die Randzähnchen fehlten; jedenfalls ist dies nur Folge zu schwacher Vergrösserung, indem diese Zähnchen bei keinem Lithobius fehlen.

Lithobius calcaratus. *F. Koch.*

Zähne der Unterlippe: 4.

Zahl der Fühlerglieder: 36—48.

Zahl der Hüftlöcher: 2, 3, 2, 1 — 2, 2, 2, 1, meist 2, 3, 3, 2.
Beim Weibchen auch: 3, 3, 2, 2.

Form der Hüftlöcher: rund.

Körperlänge: 4½—5'''.

Augenstellung: Tab. II. 30.

Forstr. *Koch*, Deutschl. Arach. Myr. u. Crust. Heft 40, 23.

Glänzend, gewölbt.

Der Kopf rundlich, glatt, mit vereinzelten fein eingestochenen Punkten, in den Seiten spärliche Borsten, die Randeinfassung breit, die Furchenlinie der Kopfspitze sehr fein, in der Mitte eingedrückt.

Fühler verschieden lang, je nach der Körperlänge meist in ganz geregeltem Verhältniss, die Zahl der Glieder zwischen 36—48 wechselnd, das Endglied verlängert.

Neben dem gewöhnlichen Seitenauge, gewöhnlich an dieses anstossend, ein gleich grosses, vor letzterem in einem Kreise vier oder fünf Augen, in dessen Centrum ein mittleres.

Die Unterlippe lang, der Zahnrand mit tiefer Mittelkerbe, beiderseits von dieser zwei entfernt stehende spitze Zähnchen.

Die Rückenschilde gewölbt, fast glatt.

Die beiden letzten Beinpaare dick, die Schleppbeine kurz, spärlich kurzborstig, in beiden Geschlechtern verschieden gestaltet.

Männchen: das 3.—6. Glied fast gleichlang, das 3. unten zusammengedrückt, innen ausgehöhlt, gegen das Ende sehr verdickt, das 4. sehr dick, besonders in der Mitte, innen am Ende in einer mehr oder weniger deutlichen Aushöhlung ein kurzes rundes Büelchen, an dessen abgestumpftem Ende ein Kranz von Borsten. Das 5. walzlich, dick, das 6. und 7. stufenweise dünner. Das 4.—7. Glied weitschichtig grob eingestochen punktirt. Am 3. Gliede zwei Stacheln (ein langer äusserer und kurzer innerer), am 4. nur ein Stachel, am 5. keiner. Die Hüftlöcher rund, 2, 3, 2, 1, — 2, 2, 2, 1, am gewöhnlichsten 2, 3, 3, 2.

Beim Weibchen fehlt das Stielchen an den Schleppbeinen, das 3.—6. Glied gleichlang, dick, jedoch nach hinten an Dicke abnehmend; die Hüftlöcher rund, meist 2, 3, 3, 2 oder 3, 3, 2, 2.

Das Stielchen am 4. Gliede der Schleppbeine des Männchens ist zuweilen sehr wenig entwickelt, oftmals auch nur in der Form eines seitlich behaarten Eckchens an der betreffenden Stelle vorhanden. Bei einem Exemplare fehlte dasselbe ganz, bei diesem war das 4. Glied an seiner Basis und am Ende knotig angeschwollen und in der Mitte dünner (Missbildung).

Die Zäpfchen am 2. Gliede der weiblichen Genitalien kurz und dick, die Endkralle zweitheilig.

Der Kopf pechbraun, ebenso die erste Hälfte der Fühler, deren zweite rostroth. Die Unterlippe und Lippentaster bräunlichgelb, die Zange der letztern rothbraun. Die Rückenschilde bräunlichgelb, die letzten etwas dunkler, — in der Mitte ein dunkelbraunes Längsband. Die Bauchschilde und Beine bräunlichgelb.

Bei manchen Exemplaren sind auch die Seitenkanten der Rückenschilde dunkelbraun, der letzte Hauptschild netzaderig gezeichnet, zuweilen sind die beiden letzten Beinpaare an der Aussenseite schwarzbraun.

Vorkommen: Häufig in feuchten Waldungen bei Nürnberg, — ebenso in der Juraformation.

B. Die Schleppbeine beim Männchen ohne Auswuchs.

a. Die Fühler nicht über 22 Glieder.

Lithobius crassipes.

Zähne der Unterlippe: 4.

Zahl der Fühlerglieder: ständig 20.

Zahl der Hüftlöcher: beim Männchen: 2, 3, 3, 2 oder 3, 4, 4, 2, beim Weibchen: 3, 4, 4, 2 oder 3, 3, 3, 2.

Form der Hüftlöcher: rund.

Körperlänge: 4—4$\frac{1}{2}$'''.

Augenstellung: Tab. II. 31.

Sehr glänzend, gewölbt.

Der Kopf rundlich, gewölbt, sehr glänzend, weitschichtig sehr fein eingestochen punktirt, fast glatt, die Randeinfassung schmal, — die Furchenlinie der Kopfspitze sehr fein, in der Mitte etwas eingedrückt.

Die Augen regelmässig in drei wenig gebogenen Querreihen, das Seitenauge oval, die übrigen gleichgross, entweder 4, 4, 2, oder, jedoch ganz selten, 4, 3, 2.

Die Fühler kurz, ständig mit 20 Gliedern, diese etwas verlängert und ziemlich langborstig.

Die Unterlippe mit tiefer Mittelfurche, zu beiden Seiten derselben stark gewölbt, sehr glänzend und glatt, der Zahnrand schmal, mit tiefer Mittelkerbe, beiderseits zwei kurze spitze Zähnchen. Die Lippentaster ebenfalls sehr glatt und glänzend.

Die Rückenschilde fast glatt, gewölbt. Die Schleppbeine lang, dickgliederig, das 3. und 6. gleichlang, das 4. etwas kürzer, das 5. das längste. Das 3., 4. und 5. Glied dick, das 6. und 7. viel dünner. Das 3. innen nur wenig ausgehöhlt, das 4. — 7. dicht fein eingestochen punktirt, mit zerstreuten kurzen Borstchen. Drei Stacheln am 3. Gliede (ein mittlerer langer und zwei seitliche kurze), zwei am 4. (hier fehlt der innere kurze), am 5. kein Stachel.

Die Hüftlöcher rund, beim Weibchen meist 3, 4, 4, 2 oder 3, 3, 3, 2 — beim Männchen 2, 3, 3, 2, zuweilen 3, 4, 4, 2.

Die Zäpfchen am 2 Gliede der weiblichen Genitalien aus dicker Basis rasch fein zugespitzt, beide fast gleichlang, — die Endkralle kurz, unter der Spitze zwei Seitenzähnchen.

Der Kopf und erste Rückenschild rothbraun, ebenso die zwei ersten Fühlerglieder, die übrigen heller, gegen die Spitze zu fast gelb. Die Rückenschilde bräunlichgelb, die letzten vier mehr röthlich, die Bauchschilde und Beine schmutziggelb, die Endglieder der letzteren rostgelb. Die Schleppbeine braunroth mit gelbem Endgliede.

Vorkommen: Bisher nur in der Juraformation gefunden. (Umgebung von Nürnberg.)

Lithobius sulcatus.

Zähne der Unterlippe: 4.

Zahl der Fühlerglieder: 20—21.

Zahl der Hoftlöcher: 1, 1, 1, 1.

Form der Hoftlöcher: rund.

Körperlänge: 2—2½ '''.

Augenstellung: Tab. II. 32.

Glänzend, wenig gewölbt.

Der Kopf etwas länger als breit, gewölbt, besonders an der Kopfspitze, uneben, die Randeinfassung schmal, die Furchenlinie der Kopfspitze sehr fein, in der Mitte nicht eingedrückt.

Die Fühler kurz, dickgliederig, etwas langborstig, mit 20 bis 21 Gliedern, das Endglied lang.

Der Zahnrand der Unterlippe schmal, tief eingekerbt, beiderseits zwei kurze aneinanderstossende Zähnchen, welche die ganze Breite des Zahnrandes einnehmen.

Das Seitenauge klein, dicht neben und vor ihm ein grosses Auge, vor diesem, ebenfalls ganz nahe, etwas unter und über ihm je ein kleines.

Die Rückenschilde wenig gewölbt, uneben rauh, besonders die letzten; in gewisser Richtung bemerkt man (jedoch schwer zu erkennen) auf den Hauptschilden in deren Mittellinie eine feine Längsfurche.

Die Schleppbeine kurz, dickgliederig, mit einzelnen langen Borsten, das 3.—6. Glied gleichlang, das 3. innen stark ausgehöhlt, gegen das Ende verdickt, unten am Ende ein Stachel. Am Ende des 4. Gliedes ebenfalls nur ein Stachel, dieses und die übrigen Glieder walzlich. Die Hoftlöcher rund, 1, 1, 1, 1.

Das Weibchen grösser, ein sehr kleines Zäpfchen am 2. Gliede der Genitalien, die Endkralle fein, tief zweispaltig.

Der Kopf bräunlichgelb, die vordere Hälfte etwas dunkler gefärbt. Die Fühler braun, die letzten drei Glieder gelb. Die Rückenschilde röthlich, fast violett, nur der erste Hauptschild und die beiden letzten rothbraun. Die Unterlippe und Lippentaster gelb, die Fangkralle rothbraun.

Die Bauchschilde gelblichweiss, mit einer feinen schwarzen

Linie in der Mitte. Die Beine gelblichweiss, das vorletzte Glied gegen die Spitze hin bräunlich, — ebenso die erste Hälfte der Endglieder, die andere Hälfte derselben gelb. Wie die übrigen sind auch die Schleppbeine gefärbt.

Vorkommen: Bei Nürnberg, nicht selten in der Keuper- und Juraformation.

Lithobius aeruginosus.

Zähne der Unterlippe: 4.

Zahl der Fühlerglieder: 20.

Zahl der Hüftlöcher: 2, 3, 3, 2.

Form der Hüftlöcher: rund.

Körperlänge: 3—3½'''. -

Augenstellung: Tab. II. 33.

Schmal, gewölbt, sehr glänzend.

Der Kopf länger als breit, glatt und sehr glänzend; nicht eingestochen punktirt, die Furchenlinie der Kopfspitze sehr fein, in der Mitte nicht eingedrückt, die Randeinfassung flach.

Die Fühler kurz, mit 20 Gliedern, langborstig, das Endglied dünner und länger als die übrigen.

Vier oder fünf Augen in einer geraden Linie, das gewöhnliche Seitenauge das kleinste, die übrigen grösser und unter sich gleichgross.

Die Unterlippe lang, stark gewölbt, der Zahnrand sehr schmal, in der Mitte tief eingekerbt, beiderseits zwei spitze Zähne.

Die Rückenschilde gewölbt, glatt.

Die Schleppbeine lang, das 4. und 6. Glied gleichlang, das 5. kürzer und das 3. noch kürzer, — letzteres innen ausgehöhlt, unten schneidig, gegen das Ende verdickt; die übrigen dick, walzlich, zerstreut langborstig, fein eingestochen punktirt. Ein Stachel am 3. und 4. Gliede, am fünften keiner.

Die Hüftlöcher rund, 2, 3, 3, 2.

Das ganze Thierchen rostgelb, die Unterlippe und Lippentaster etwas dunkler die Beine heller.

Vorkommen: Bisher nur in der Juraformation der Umgegend von Nürnberg gefunden.

---

b. Die Fühler mit mehr als 22 Gliedern.

1. Auf den Schleppbeinen beim Männchen eine Furche.

Lithobius mutabilis.

Zähne der Unterlippe: 4.

Zahl der Fühlerglieder: 35—43.

Zahl der Hüftlöcher: ist so variabel, dass sie unten ausführlich angegeben werden muss.

Form der Hüftlöcher: rund.

Körperlänge: Weibchen 5—6''', Männchen $4\frac{1}{2}$—6'''.

Augenstellung: Tab. II. 34.

Lithobius variegatus. *F. Koch*, Deutschl. Arachn. Myr. u. Crust. H. 40. 21.

Glänzend, gewölbt.

Kopf rundlich, zerstreut fein eingestochen punktirt, gewölbt, fast glatt, die Randeinfassung breit. Die Furchenlinie der Kopfspitze sehr fein, in der Mitte nicht eingedrückt.

Die Fühler lang (halb so lang als der Körper) dicht kurzborstig, 35—43, gewöhnlich aber 39 Fühlerglieder, das Endglied verlängert.

Die Augen in vier oder fünf etwas gebogenen Reihen, am häufigsten beim Weibchen 4, 3, 4, 3, 2 (4, 3, 3, 3, 2 — 4, 3, 3, 4, 1 — 3, 3, 3, 3, 2 — 3, 3, 4, 3, 2 — 3, 3, 4, 2, 1 — 4, 4, 2, 3, 1 — 4, 4, 2, 1 — 4, 4, 3, 1 — 4, 4, 3, 3). Das Seitenauge oval, — die Augen der obern Reihe kaum etwas kleiner, als das Seitenauge, die der übrigen Reihen nach unten stufenweise kleiner.

Die Unterlippe gewölbt, ziemlich lang, mit vereinzelten eingestochenen Punkten, zerstreut kurzborstig, der Zahnrand breit, mit nicht sehr tiefer Mittelkerbe, beiderseits derselben zwei entfernt stehende, verhältnissmässig kräftige Zähne.

Die Rückenschilde gewölbt, fast glatt, nur in den Seiten etwas uneben.

Die Schleppbeine lang, das 3. und 4. Glied gleichlang, dann das 5. und 6., diese etwas länger, das 3. innen wenig ausgehöhlt, etwas zusammengedrückt, die übrigen walzlich, zerstreut langborstig, nicht sehr dicht fein eingestochen punktirt, drei Stacheln am 3. und 4. Gliede (ein mittlerer langer und zwei seitliche kürzere), am 5. nur ein Stachel. Hüftlöcher rund, 5, 6, 5, 5 oder 5, 6, 5, 4 (seltner 4, 5, 5, 4 — 5, 5, 5, 5 — 5, 6, 5, 5 — 4, 5, 5, 5 — 4, 4, 4, 3 — 4, 6, 5, 4.) Die zwei Zäpfchen am 2. Gliede der weiblichen Genitalien kurz und dick, die beiden innern gegen einander gekrümmt, — die Endkralle breit, mit zwei Seitenzähnchen unter der Spitze.

Der Kopf rostbraun, in der Mitte ein dunkler Fleck, der Hinterrand gleichfalls verdunkelt, die Fühler braun, gegen die Spitze etwas heller. Die Unterlippe und Lippentaster gelb, die Zangen der letztern rothbraun. Die Rückenschilde bräunlichgelb, mit dunkleren Seitenrändern, in der Mitte der Hauptschilde ein dunkelbrauner Fleck, der am Hinterrande breit, gegen den Vorderrand zugespitzt ist, der letzte Hauptschild rothbraun, der erste Hauptschild dunkelbraun, — die Bauchschilde, Hüftenglieder, sowie das 3. Beinglied bräunlichgelb, das 4. und 5. Glied der Beine dunkelbraun, das 6. und 7. rostroth, — an den letzten drei Beinpaaren die Hüften bräunlichgelb, die übrigen Glieder mit Ausnahme der Endglieder braun, diese aber rostgelb.

Die Zeichnung und Farbe des Männchens wie beim Weibchen; doch immer heller, — beim Männchen auf dem 5. Gliede der Schleppbeine oben eine breite tiefe Furche; die Schleppbeine überhaupt kürzer und mit dickeren Gliedern. Die Zahl der Hüftlöcher geringer, meist nur 2, 3, 3, 3 (auch 2, 3, 3, 2 — 3, 3, 3, 3 — 3, 3, 3, 2 — 3, 3, 4, 3 — 3, 4, 4, 3 — 3, 5, 5, 4 — 3, 5, 4, 4 — 4, 5, 5, 4 — 4, 6, 6, 4). Die Zahl der Augen ist gewöhnlich auch geringer; bei einem Exemplare wurden sogar nur drei Reihen (3, 4, 4) beobachtet. Gewöhnlich ist das Männchen etwas kleiner; doch findet man auch viele Exemplare, welche so gross sind als die grössten Weibchen. Auch die Zahl der Stacheln an den Schleppbeinen variirt beim Männchen, indem nicht selten am 3. Gliede drei, am 4. nur ein, am 5. kein Stachel vorhanden ist, — bei einzelnen Exemplaren am 4. zwei Stacheln; bei vielen ist auch die Zahl der Stacheln gerade so wie beim Weibchen.

Vorkommen: Gemein sowohl in Keuper- als in Jura-gegenden.

Diese Art, von Forstr. *Koch* für Lithob. variegatus Leach gehalten, kann die Species der englischen Autoren nicht sein, indem sie nur 4 Zähne, letztere aber 14 Zähne an der Unterlippe hat. Da der Leach'sche Name der ältere ist, musste ich dieser Art einen neuen beilegen. — Wenn es in der Beschreibung von Forstr. Koch heisst, auf dem 3. Gliede des Endpaares eine Längsrinne, so rührt dies daher, dass von demselben die beiden Hüftenglieder nicht mitgezählt wurden.

Bei dieser Art ist der Wechsel in der Zahl der Fühlerglieder und Augen am auffallendsten; — die in grosser Zahl untersuchten Thiere waren vollständig entwickelt, d. h. geschlechtsreif, wenigstens kann dies von den Weibchen mit Bestimmtheit gesagt werden. Nach den von Gervais (Apt. T. IV. p. 26) mitgetheilten Untersuchungen nimmt bei den Lithobien die Zahl der Fühlerglieder und Augen mit dem Fortschritte der Entwicklung zu; — hiernach lässt sich die Unbeständigkeit dieser Zahlenverhältnisse bei entwickelten Thieren kaum anders erklären, als dass bei den verschiedenen Individuen die Fühler und Augen in ihrer Entwicklung zurückgeblieben seien.

---

2. An den Schleppbeinen beim Männchen keine Furchen.

† *Die Augen in Reihen geordnet.*

Lithobius cinnamomeus.

Zähne der Unterlippe: 4.
Zahl der Fühlerglieder: 34—38.
Zahl der Hüftlöcher: beim Weibchen 4, 4, 4, 3; beim Männchen: 3, 4, 4, 3 oder 3, 5, 5, 3.

Form der Hüftlöcher: rund.

Körperlänge: 4—5'''.

Augenstellung: Tab. II. 35.

Glänzend, wenig gewölbt, breit.

Der Kopf herzförmig, fein eingestochen punktirt, die Rand-einfassung breit, die Furchenlinie der Kopfspitze sehr fein, in der Mitte nicht eingedrückt.

Die Fühler kurzgliederig, halb so lang als der Körper oder wenig länger, mit 31 — 38 Gliedern, das Endglied ver-längert.

Die Augen in vier stark gekrümmten Reihen, 4, 3, 2, 1, auch 4, 4, 3, 2, die der obersten Reihe grösser als die der andern, — das Seitenauge oval.

Die Unterlippe stark gewölbt, mit breitem Zahnrande, welcher in der Mitte eine nicht sehr tiefe Kerbe hat, beider-seits derselben zwei sehr kräftige Zähne. Weder die Unter-lippe noch die Lippentaster eingestochen punktirt.

Die Rückenschilde wenig gewölbt, fast glatt.

Das vorletzte Beinpaar und die Schleppbeine beim Männ-chen dick, beim Weibchen merklich dünner, von den Schlepp-beinen das 4., 5. und 6. Glied gleichlang, das 3. viel kürzer. Das 3. Glied unten schneidig zusammengedrückt, die übrigen fast walzlich, seitlich nur wenig zusammengedrückt, dicht fein eingestochen punktirt, etwas langborstig. Drei Stacheln unten am Ende des 3. und 4. Gliedes, am 5. ein kurzer äusserer.

Die Hüftlöcher rund, beim Weibchen 4, 4, 4, 3, beim Männchen 3, 4, 4, 3 oder 3, 5, 5, 3.

Die weiblichen Genitalien stark borstig, die Zäpfchen am 2. Gliede kurz, das innere kürzer und dünner, beide innen gegen einander gekrümmt, die Endkralle kräftig, unter der Spitze zwei Seitenzähnchen.

Kopf zimmtroth, die Kopfspitze heller, die Fühler eben-falls zimmtroth, auch die Unterlippe und Lippentaster von der-selben Farbe, die Krallen der letzten mehr dunkelrothbraun. Die Bauchschilde bräunlichgelb, die letzten vier und die Beine zimmtroth, nur die Hüftenglieder sowie die ganzen Schleppbeine bräunlichgelb, Die Rückenschilde dunkler röthlichbraun, die beiden letzten zimmtroth.

Vorkommen: Bisher nur in der Juraformation gefunden.

Lithobius muticus. *F. Koch.*

Zähne der Unterlippe: 4.
Zahl der Fühlerglieder: 36—43.
Zahl der Hüftlöcher: 3, 4, 3, 3 — 4, 5, 4, 4 oder 4, 4, 4, 3.
Form der Hüftlöcher: rund.
Körperlänge: 5—5¼'''.
Augenstellung: Tab. II. 36.

F. Koch, Syst. der Myr. S. 151.

Mit L. variegatus nahe verwandt, doch durch die fehlende
Furche der Schleppbeine beim Männchen, und das nicht nach
Innen gekrümmte Zäpfchen am 2. Gliede der Genita-
lien beim Weibchen leicht von ihm zu unterscheiden, vom
Weibchen des L. calcaratus, mit welchem diese Art ebenfalls
grosse Aehnlichkeit besitzt, durch die dreitheilige Endkralle der
Genitalien ebenfalls verschieden.

Glänzend, gewölbt, breit.

Der Kopf rundlich oben flach, etwas uneben, weitschichtig
fein eingestochen punktirt, die Randeinfassung schmal; die
Furchenlinie der Kopfspitze fein, in der Mitte nicht eingedrückt.

Die Fühler nicht halb so lang als der Kopf und die
halbe Körperlänge zusammen, ziemlich langborstig, 36—43
Glieder, meist 40, das Endglied verlängert.

Das Seitenauge fast rund, — die übrigen Augen in vier
wenig gebogenen Reihen, ziemlich regelmässig 4, 4, 3, 2 oder
4, 4, 3, 1 — seltener 4, 4, 4, 2.

Die Unterlippe gewölbt, der Zahnrand breit, die Mittelkerbe tief, beiderseits zwei kurze Zähnchen. Die Lippentaster
fein eingestochen punktirt.

Die Rückenschilde breit, gewölbt, fast glatt.

Die Schleppbeine lang, das 3. und 4., dann das 5. und 6.
gleichlang, die beiden letzten etwas länger als erstere. Das
3. Glied Innen ausgehöhlt, unten schneidig, am Ende sehr verdickt, die übrigen fast walzlich, seitlich nur wenig zusammen-

gedrückt, deutlich eingestochen punktirt. Am Ende des 3. und
4. Gliedes unten drei kräftige Stacheln (ein mittlerer langer
und zwei seitliche kürzere), am 5. nur ein Stachel.
Die Hüftlöcher rund, meist 3, 4, 3, 3, zuweilen 4, 5, 4, 4
oder 4, 4, 4, 3. Am 2. Gliede der weiblichen Genitalien zwei kurze, gerade, aus dicker Basis feinspitzige Zäpfchen, die Endkralle mit
einer gebogenen Spitze und zwei seitlichen Zähnchen.
Die Schleppbeine beim Männchen dicker als beim Weibchen.
Der Kopf bräunlichgelb, netzaderig braun, auch eine feine
Linie zwischen den Augen braun, die Fühler bräunlichgelb, die
beiden ersten und die letzten Glieder heller. Die Unterlippe
und Lippentaster gelb, die Krallen der letzteren rothbraun. Die
Bauchschilde bräunlichgelb, in der Mitte eines jeden ein grös-
serer hellerer Flecken. Die Rückenschilde olivenfarbig, ein
breiter Längsstreif in der Mitte und die Seitenränder braun.
Die ersten fünf Glieder der Beine gelblich, die übrigen schwärzlich und nur am Ende gelblich.
Die Männchen dunkler, so dass oft der Rückenstreif nicht
mehr zu erkennen ist.
Vorkommen: Allenthalben in der Jura- und Keuperformation nicht selten, auch in den Moorgegenden des bayerischen
Hochlandes.

Lithobius communis. F. Koch.

Zähne der Unterlippe: 4.
Zahl der Fühlerglieder: 33—36.
Zahl der Hüftlöcher: 2, 3, 3, 2, beim Männchen auch
3, 4, 4, 3.
Form der Hüftlöcher: rund.
Körperlänge: 4—5¼'''.
Augenstellung: Tab. II. 37.

Forstr. Koch, Deutschl. Arach. Myr. und Crust. Heft 40. 24.

Glänzend, gewölbt.
Der Kopf rundlich, sehr gewölbt, fast glatt, mit zerstreuten
langen Borsten; sehr fein eingestochen punktirt, die Randein-

fassung breit, die Furchenlinie der Kopfspitze sehr fein, in der Mitte nicht eingedrückt.

Die Fühler ziemlich langborstig, mit 33—36 Gliedern, die ersten drei und die Glieder des letzten Drittheils länger als die übrigen, das Endglied ebenfalls verlängert.

Die Augen in drei geraden, schräg verlaufenden Reihen, 3, 3, 2; — das Seitenauge oval, sehr gross. Nicht selten findet man auch 4, 3, 2 — 4, 3, 1 —; einmal waren sogar 4 Reihen, 3, 3, 3, 1 vorhanden.

Die Unterlippe wenig gewölbt, der Zahnrand schmal, die Mittelkerbe nicht tief, beiderseits zwei entfernt stehende, aus breiter Basis feinspitzige Zähnchen.

Die Rückenschilde gewölbt, uneben.

Die Schleppbeine ziemlich lang, etwas zerstreut langborstig, das 4., 5. und 6. Glied gleichlang, das 3. etwas kürzer; letzteres innen ausgehöhlt, die übrigen walzlich, fein eingestochen punktirt. Am 4. und 5. Gliede unten eine oder zwei Reihen kleiner Grübchen. Drei Stacheln am Ende des 3. und 4. Gliedes (ein mittlerer langer und zwei seitliche kürzere), ein Stachel an der Aussenseite des 6. Gliedes.

Die Hüftlöcher rund, 2, 3, 3, 2, auch 3, 4, 4, 3 (Männchen).

Am 2. Gliede der weiblichen Genitalien ein äusseres langes und dickes, gerades Zäpfchen und ein inneres sehr kleines dünneres, etwas nach innen gekrümmtes; die Endkralle unter der Spitze mit zwei Seitenzähnchen.

Der Kopf braun, gegen die Spitze verdunkelt, auch in der Mitte der Kopffläche ein dunkler Flecken; die Fühler pechbraun, nur das Endglied gelb. Die Rückenschilde bräunlichgelb, ein dunkelbrauner Längsstrich auf dem 3. — 9. Hauptschilde (zuweilen fehlt dieser Längsstrich), die Seiteneinfassung der Rückenschilde ebenfalls dunkelbraun gesäumt; — die Unterlippe und Lippentaster gelb, letztere mit rothbraunen Zangen. Die Bauchschilde unrein gelb; die vier ersten Glieder der Beine gelb, die beiden folgenden braun, das Endglied an seiner ersten Hälfte ebenfalls braun, am Ende gelb. An den drei letzten Beinpaaren die Hüftenglieder gelb, die übrigen braun, mit Ausnahme des gelben Endgliedes.

Vorkommen: Scheint sehr verbreitet zu sein, bei Nürnberg sehr häufig; auch in der Juraformation.

Lithobius lucifugus.

Zähne der Unterlippe: 4.
Zahl der Fühlerglieder: 42.
Zahl der Hüftlöcher: 4, 6, 6, 5.
Form der Hüftlöcher: rund.
Körperlänge: 7'''.
Augenstellung: Tab. II. 38.
Sehr glänzend, breit, beinahe flach.

Der Kopf breit herzförmig, uneben, mit theils fein, theils gröber eingestochenen Punkten (letztere besonders an der Kopfspitze) die Randeinfassung breit, die Furchenlinie der Kopfspitze deutlich, in der Mitte etwas eingedrückt.

Die Fühler mit 42 Gliedern, ziemlich langborstig.

Die Unterlippe gewölbt, weitschichtig grob eingestochen punktirt, die Mittelkerbe des Zahnrandes tief, dieser zu beiden Seiten derselben breit und bogig, mit zwei entfernt stehenden kurzen spitzen Zähnen.

Die Lippentaster weitschichtig grob eingestochen punktirt.

Das Seitenauge nicht sehr gross, oval, die Augen in fünf unregelmässigen, gebogenen Reihen, 4, 5, 5, 3, 2, die der obersten Reihe grösser als die andern.

Die Rückenschilde flach, in den Seiten uneben, doch ohne deutliche Runzelung.

Die Schleppbeine kurz, das 3. und 4. Glied gleichlang, ebenso das 5. und 6., letztere beide aber viel länger als erstere. Sämmtliche Glieder seitlich stark zusammengedrückt, zerstreut kurzborstig, sehr dicht fein eingestochen punktirt. Am Ende des 3. und 4. Gliedes unten je drei Stacheln (ein mittlerer langer und zwei seitliche kürzere) am 5. nur ein Stachel.

Die Hüftlöcher rund, 4, 6, 6, 5.

Der Kopf gelb, theilweise braun geadert, die Kopfspitze heller gefärbt, die Unterlippe gelb, — deren Zähne nur an der Spitze schwarzbraun. Die Lippentaster gelb, mit dunkel-

rothbraunen Zangen. Die Rückenschilde gelb mit einem
schwärzlichen Längsstrich in der Mitte, welcher nur auf dem
letzten Hauptschilde fehlt. Die Bauchschilde ebenfalls gelb, nur
die letzten mehr bräunlichgelb. Die Beine ganz gelb.
Vorkommen: Im südlichen Tyrol (Bozen). Durch Herrn
Prof. P. Gredler erhalten.

Lithobius erythrocephalus *F. Koch.*

Zähne der Unterlippe: 4.
Zahl der Fühlerglieder: 26—33.
Zahl der Hüftlöcher: beim Weibchen meist 4, 5, 5, 4,
beim Männchen 3, 4, 4, 3.
Form der Hüftlöcher: rund.
Körperlänge: 3½—4½ ''' (Männchen), 5—6¼ ''' (Weibchen).
Augenstellung: Tab. II 39.

Forstr. *Koch*, Syst. d. Myr. S. 150.

Sehr glänzend, wenig gewölbt.
Der Kopf so lang als breit, wenig gewölbt, oben abgeplattet mit unebener Fläche, weitschichtig fein eingestochen
punktirt, die Furchenlinie der Kopfspitze gewöhnlich in der
Mitte etwas eingedrückt.
Die Fühler kurz, mit kurzen Borstchen rings besetzt, 26
bis 33 Glieder (bei der Mehrzahl 29), das Endglied verlängert.
Die Unterlippe zerstreut ziemlich grob eingestochen punktirt, der Zahnrand in der Mitte schwach eingekerbt, beiderseits
zwei entfernt stehende Zähnchen. Die Lippentaster zerstreut
fein eingestochen punktirt.
Die Augen ziemlich regelmässig in drei geraden Reihen,
meist 4, 1, 2 oder 4, 3, 2, seltner 3, 3, 2, sehr selten vier
Reihen. Das grosse Seitenauge gewöhnlich der 2. Reihe
gegenüber.
Die Rückenschilde mässig gewölbt, weitschichtig eingestochen punktirt, fast glatt.
Die Schleppbeine von mässiger Länge, das 3.—6. Glied fast
gleichlang, das 3. Glied innen ausgehöhlt, die übrigen walzlich, mit
zerstreuten langen Stachelborsten und nicht sehr dicht grob eingesto-

chen punktirt. Am 3. und 4. Gliede drei Stacheln (ein mitt
lerer langer und zwei seitliche kürzere), am 5. nur ein äusserer
seitlicher Stachel.

Die Hüftlöcher rund, an Zahl sehr variirend; bei den
Weibchen meist zahlreicher, gewöhnlich 4, 5, 5, 4, bei den
Männchen meist 3, 4, 4, 3. Die Zäpfchen am 2. Gliede der weiblichen Genitalien
breit und fast stumpf; die Endkralle gewöhnlich tief gespalten
und mit einem Seitenzähnchen, zuweilen ist sie am Ende breit
und dann dreizahnig.

Die Männchen sind viel kleiner und schwächer gebaut.
Die vordere Hälfte des Kopfes schwarz, die hintere hell-
rothbraun; die Fühler dunkelbraun, nur die letzten 4—5 Glieder hellgelb. Die Unterlippe und Lippentaster bräunlichgelb,
die Zangen der letztern braun, die Rückenschilde unrein hellbraun mit dunklem Längstreifen; der erste und die beiden
letzten Schilde mehr röthlichbraun. Die Bauchschilde bräunlichgelb, ebenso die ersten vier Beinglieder, das 5. und 6.
schwärzlich, das 7. gelblich. — Die Hüftenglieder der beiden
Hinterpaare bräunlichgelb, das 3., 4., 5. und 6., sowie die
Basis des 7. schwärzlich, die Spitze des 7. gelb.

Vorkommen: Lebt im Moose mit trockner, feinsandiger
Unterlage. Ich fand ihn sowohl in der Jura - als Keuperformation, doch nie an feuchten Stellen. Auch von Bozen er-
hielt ich diese Art durch Herrn Prof. P. Gredler.

---

† † *Die Augen nicht in Reihen geordnet.*

Lithobius minutus. *F. Koch.*

Zähne der Unterlippe: 4.
Zahl der Fühlerglieder: 24—28.
Zahl der Hüftlöcher: 1, 1, 1, 1 — sehr selten 1, 2, 2, 1
    oder 2, 2, 2, 2.
Form der Hüftlöcher: rund.
Körperlänge: 2—3'''.
Augenstellung: Tab. II. 40.

F. Koch, System der Myriap. S. 152.

Glänzend, gewölbt.

Der Kopf rundlich, sehr glänzend, gewölbt, etwas uneben, mit zerstreuten Borsten, die Randeinfassung breit, die Furchenlinie der Kopfspitze fein, in der Mitte nicht eingedrückt. Die Fühler etwa halb so lang als der Körper; spärlich kurzborstig mit 24—28 Gliedern.

Ein grosses ovales Seitenauge,. vor ihm vier kleinere in den Ecken eines verschobenen Vierecks; doch fehlt es nicht an verschiedenen Varietäten der Augenstellung, je nachdem eines oder mehrere der Augen von seinem normalen Platze verdrängt ist.

Die Unterlippe gewölbt, kurz, der Zahnrand schmal mit tiefer Mittelkerbe, an beiden Enden jeder Zahnrandhälfte ein kleines Zähnchen.

Die Rückenschilde gewölbt, in den Seiten fein gerunzelt. Das 3.—6. Glied der Schleppbeine gleichlang, — das 3. innen stark ausgehöhlt, unten seitlich zusammengedrückt, die übrigen walzlich mit einzelnen langen Borsten und weitschichtig eingestochen punktirt. Am Ende des 3. und 4. Gliedes unten je ein einzelner Stachel. Die Hüftlöcher rund, gewöhnlich 1, 1, 1, 1, sehr selten 1, 2, 2, 1 oder 2, 2, 2, 2.

Der Kopf bräunlichgelb, ebenso die Fühler, diese gegen die Spitze zu heller, — die Unterlippe und die Lippentaster schmutzig hellgelb, letztere mit rothbraunen Zangen. Die Bauchschilde gelb, in der Mitte mit einem weisslichen Flecken; die Rückenschilde bräunlichgelb, mit einem kleinen schwärzlichen Pfeilfleck in der Mitte. Die Hüftenglieder der Beine gelblichweiss, die übrigen Glieder bräunlich, nur das letzte gelb, ebenso sind auch die Schleppbeine gefärbt. — Das Thierchen variirt übrigens in der Färbung sehr, — der Pfeilfleck auf den Rückenschilden erreicht oft den Vorderrand nicht, zuweilen kaum die Mitte des Schildes, manchmal fehlt er ganz.

Vorkommen: Nicht selten in den Jura- und Keupergegenden.

Diese Art stimmt bezüglich der Färbung nicht ganz zu der Beschreibung von Forstr. Koch, auch haben meine Exemplare fein gerunzelte Rückenschilde; doch zweifle ich nicht, dass sie hierher gehören.

Lithobius lubricus.

Zähne der Unterlippe: 4.
Zahl der Fühlerglieder: 27—37.
Zahl der Hüftlöcher: 2, 2, 2, 2 oder 1, 2, 2, 1.
Form der Hüftlöcher: rund.
Körperlänge: 2½—3½'''.
Augenstellung: Tab. II. 41.
Mit curtipes und calcaratus verwandt, doch wesentlich von beiden verschieden.
Sehr glänzend, gewölbt.

Der Kopf rundlich, glatt, gewölbt, die Randeinfassung breit, die Furchenlinie der Kopfspitze sehr fein, in der Mitte eingedrückt.

Die Augenstellung von der des Lithobius calcaratus nicht verschieden.

Die Fühler fast pfriemenförmig, kurz, die erste Hälfte wenig, die andere dicht kurzborstig behaart, mit 27—37 Gliedern, deren letztes verlängert.

Die Unterlippe gewölbt, sehr glänzend, der Zahnrand schmal, die Mittelkerbe nicht tief, beiderseits zwei spitze feine Zähnchen.

Die Rückenschilde gewölbt, fast glatt.

Die Schleppbeine kurz, das 3., 5. und 6. Glied gleichlang, das 4. etwas kürzer, das 3. innen ausgehöhlt, gegen das Ende verdickt, das 4. Glied kurz, dick, walzlich, die übrigen stufenweise dünner, das 4.—7. Glied weitschichtig eingestochen punktirt, spärlich mit langen und kurzen Borstchen besetzt. — Am 5. Gliede unten eine oder mehrere Reihen gröber eingestochner Punkte, bald mehr bald weniger deutlich. Am 3. und 4. Gliede unten vor dem Gelenkende ein langer gerader Stachel. Die Hüftlöcher rund 2, 2, 2, 2 oder 1, 2, 2, 1.

Am 2. Gliede der weiblichen Genitalien ein langes und ein sehr kurzes Zäpfchen, beide dünn. Das Endglied sehr kurz, die Endkralle sehr fein, stark gekrümmt.

Der Kopf und der erste Hauptschild pechbraun, — ebenso die Fühler, deren letzte 2—3 Glieder gelb. Die Unterlippe und Lippentaster heller braun, letztere mit rostrothen Zangen.

Bauchschilde olivenfarbig, ebenso die Rückenschilde, diese in
der Mitte mit einem dunkleren Längestrich, — die Beine hellbraun, nur die Endglieder gelb.

Vorkommen: Nicht selten in der Umgegend von Nürnberg,
(Jura- und Keuperformation).

Lithobius carinatus.

Zähne der Unterlippe: 4.

Zahl der Fühlerglieder: 32.

Zahl der Hüftlöcher: 3, 8, 8, 3, oder 3, 3, 3, 4.

Form der Hüftlöcher: rund.

Körperlänge: 11'''.

Augenstellung: Tab. II. 42.

Körper gewölbt, glänzend.

Der Kopf so lang als breit, uneben, mehr oder weniger
grob eingestochen-punktirt, die Randeinfassung schmal, Furchenlinie der Kopfspitze fein, in der Mitte nicht eingedrückt.

Das Seitenauge sehr gross, nierenförmig, vor ihm in gleicher Höhe ein grosses rundes und unter letzterm vorne zwei
dicht aneinander stossende, in schräger Linie stehende, kleine.

Die Fühler lang, kurzborstig, mit 32 Gliedern, das Endglied verlängert, eiförmig.

Die Unterlippe wenig gewölbt, nicht eingestochen punktirt,
Zahnrand bogig, mit schwacher Mittelkerbe, beiderseits zwei
entfernt stehende kurze Zähnchen.

Lippentaster ohne eingestochene Punkte.

Die Mittellinie der Rückenschilde erhaben, — die Hauptschilde in den Seiten stark gerunzelt.

Die Beine, auch das Endpaar im Verhältnis zur Körper-
grösse sehr kurz. Das 3.—6. Glied der Schleppbeine von gleicher Länge, das 3. innen stark ausgehöhlt, gegen das Ende
verdickt, die übrigen walzlich, — das 3. und 4. Glied mit
kurzen starken Borsten, die übrigen fast kahl. Drei Stacheln
(ein mittlerer langer und zwei seitliche kurze) am 3. und 4.
Gliede, ein äusserer kurzer am 5.

Die Hüftlöcher rund, sehr gross 3, 3, 3, 3 oder 8, 8, 3, 4.

Der Kopf hellbräunlichgelb, die Furchenlinie der Kopfspitze in einem breiten weisslichen Bande, die Randeinfassung
dunkler. Das ganze Thier sonst auch bräunlichgelb, der Hinterrand der Körperschilde dunkler, die Zangen der Lippentaster dunkelbraun.

Vorkommen: Griechenland.

Es folgen nunmehr die Arten anderer Autoren, welche
ich nicht in Einklang mit den von mir untersuchten zu bringen
vermag.

1. Lithobius variegatus.

Leach, Zool. Misc. III. Lithobius spec. 2. p. 40.

Umgebung von London.

Die von Forstr. Koch als variegatus Leach beschriebene
Art hat nur 4 Zähne an der Unterlippe, während die Leach'sche
deren 14 besitzt.

2. Lithobius rubriceps.

Newp. Linn. Trans. XIX. p. 364.

Aus Spanien.

3. Lithobius fasciatus.

Newport, Linn. Trans. XIX. p. 366.

Italien (Florenz und Neapel). Höchstwahrscheinlich Lith.
punctulatus F. Koch.

4. Lithobius mexicanus.

Perbosc. Rev. Cuvier de M. Guérin, 1839. p. 261.

Mexiko.

5. Lithobius multidentatus.

Newp. Linn. Trans. XIX. p. 365.

Newyork.

Es lässt sich nicht ermitteln, welche Art hier gemeint ist, indem in den Beschreibungen von Newport und Gervais weder der Augen, der Fühlergliederzahl noch der Beine Erwähnung gethan ist.

6. Lithobius americanus.

Newp. Linn. Trans XIX. p. 365.

Nordamerika.

7. Lithobius spinipes.

Say Journ. Acad. Nat. sient. Philad, II. p. 108.

Newport reiht diese unter die vorhergehende Art ein.

Nach der ziemlich genauen Beschreibung von Say passt diese in Nordamerika sehr gemeine Art zu keiner der von mir beschriebenen.

8. Lithobius planus.

Newp. Linn. Trans. XIX. p. 360.

Nordamerika.

Die Art steht meinem Lith. mordax ziemlich nahe.

9. Lithobius Hardwickei.

Newp. Ann. Nat. Hist. XIII. p. 96.

Singapore.

10. Lithobius longicornis.

Risso Europ. merid. V. p. 154.

Nizza.

11. Lithobius forficatus.

Welcher aus der Zahl der früher beschriebenen Arten unser deutscher Lith. forficatus ist, lässt sich nicht mehr ermitteln, — die frühern Beschreibungen waren zu unvollständig und gaben nur Merkmale, welche der ganzen Gattung zukommen.

Die Beschreibung der Scolopendra forficata von Linné

(System. Nat. ed. 10. Tom. I. pars II. p. 1062. und fauna suecic. p. 362) — scolopendra plana, pedibus utrinque quindecim. Rubra est vix digitum transversum longa. Pedes antici crassi et validi, ultimi longissimi, hinc cauda quasi bifurca, — corporis articuli alterni reliquis dimidio breviores — gibt eben nur Gattungscharaktere an, — in gleicher Weise

Fabricius, Ent. Syst. T. II. p. 390.
Degeer, (Uebersetzung von Goeze) B, VII. p. 202. und
Walckenaer, Faune Paris. T. II. p. 178.

Ebensowenig lässt sich mit Bestimmtheit ermitteln, ob Panzer den Lith. forficatus oder eine andere Art bei seiner ganz unkenntlichen Abbildung vor sich hatte. Schrank (Enum. insect. Austr. p. 598) bringt verschiedenartige Thiere mit dem Lith. forficatus zusammen. Haec species occurrit pedibus utrinque 13, 15 et 22; — die Thiere mit 13 Füssen liessen sich wohl als unentwickelte Exemplare erklären, — aber 22 Beinpaare bei einem Lithobius?! — In gleicher Weise unbestimmt ist die Beschreibung Schrank's in seiner fauna boica: hellmuschelbraun, das letzte Fusspaar länger, rückwärts ausgestreckt.

Auch Léon Dufour bezweifelt, ob seine Art dieselbe, an welcher Treviranus seine anatomischen Untersuchungen anstellte.

So walten die Zweifel über den Lithobius forficatus fort und fort, — und selbst die neuern Forscher Gervais und Newport sind zu keiner Verständigung gekommen. Doch lassen die von ihnen (Gervais Apt. IV. p. 229 und Newport Catal. of the Myriap. in the coll. of the Brit. Mus.) gegebenen Beschreibungen mit Bestimmtheit erkennen, dass sie eine andere Art als unseren Lith. forficatus vor sich hatten; und, weil sie die Exemplare von Leach zu untersuchen Gelegenheit hatten, dass auch der Lith. forficatus des letzern nicht der unsere ist.

Lithobius laevilabrum Leach (Edinb. Enc. VII. p. 409) ist nach Newport synonym mit seinem Lith. forficatus.

Der Lithob. forficatus von Leach und nach diesem von Gervais (Apt. IV. p. 230) bildet nach Newport eine andere Art, nämlich:

12. Lithobius Leachii.

Newp. Linn. Trans. XIX. p. 868.

13. Lithobius Sloanei.

Newp. in Ann. et Mag. Nat. Hist. XIII. p. 96.

Vaterland unbekannt.

14. Lithobius pilicornis.

Newp. in Ann. et Mag. Nat. Hist. XIII. p. 96.

England.

15. Lithobius Argus.

Newp. Linn. Trans. XIX. p. 369.

Neuseeland.

16. Lithobius brevicornis.

Newp. Linn. Trans. XIX. p. 870. Lithob. Vesuvianus Costa Mem. Zool. I. p. 60. ?

Neapel.

17. Lithobius castaneus.

Newp. in Ann. et Mag. Nat. Hist. XIII. p. 96.

Sicilien.

18. Lithobius nudicornis.

Gervais Ann. Scl. Nat. 1837. p. 49.

Sicilien. Höchst zweifelhafte Art.

19. Lithobius melanops.

Newp. Linn. Trans. XIX. p. 871.

England.

Passt auf keine unserer deutschen Arten, indem wir keine sechszähnige Species haben. Mit L. erythrocephalus F. Koch scheint er die meiste Aehnlichkeit zu haben, doch hat dieser nur 20 Augen und nie mehr als 33 Fühlerglieder.

20. Lithobius platypus.

Newp. Linn. Trans. XIX. p. 371.

Aegypten.

Vielleicht Lith. carinatus.

21. Lithobius Platensis.

Gerv. Apt. IV. p. 287.

Montevideo.

22. Lithobius varius.

Forstr. Koch, Syst. der Myr. p. 151.

Bayern.

23. Lithobius glabratus.

Forstr. Koch, Syst. der Myr. p. 149.

Bayern.

Alphabetisches Register.

Tab. I

Tab. II.

www.ingramcontent.com/pod-product-compliance
Lightning Source LLC
Chambersburg PA
CBHW021946190326
41519CB00009B/1158